INHALT

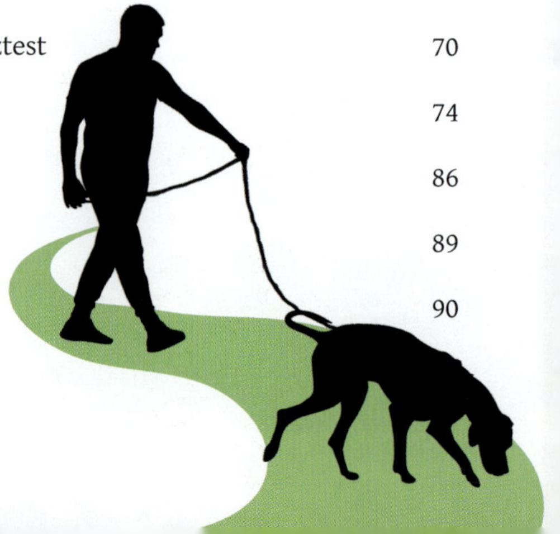

Manfred Burdich

DAS EINZIGE BUCH, DAS MAN ÜBER MANTRAILING LESEN MUSS

MINERVA VERLAG
MÖNCHENGLADBACH

Minerva Verlag

Bibliografische Information der Deutschen Nationalbibliothek
Die Deutsche Nationalbibliothek verzeichnet diese Publikation in der Deutschen Nationalbibliografie; detaillierte bibliografische Daten sind im Internet über http://dnb.dnb.de abrufbar.

Monschauer Str. 2 | D- 41068 Mönchengladbach
E-Mail: info@minervaverlag.de | Internet: www.minervaverlag.de, Shop: www.minervastore.de

Design und Layout: Annika de la Motte

Umschlaggestaltung: Minerva kreativ

978-3-910503-14-4
1. Auflage 2024

VORWORT

Mantrailing ist eine faszinierende Beschäftigung für Hunde und ihre Halter. Mantrailing ist eine anspruchsvolle Nasenarbeit, bei der der Hund eine individuelle Duftspur verfolgt, um eine bestimmte Person zu finden. Diese Disziplin erfordert eine gute Koordination zwischen Mensch und Tier sowie eine effektive Kommunikation zwischen beiden Parteien. Mantrailing ist echte Teambildung zwischen Mensch und Tier und für (nahezu) jederhund geeignet.

In diesem Buch "Mantrailing - mehr als anspruchsvolle Nasenarbeit" geht es nicht nur darum, wie man seinen Hund im Bereich Personensuche trainieren kann, sondern es werden auch interessante und relevante Hintergrundinformationen zur Duftspurensuche vermittelt. Der Autor beleuchtet die Geschichte des Mantrailings, gibt Einblicke in die Welt der Geruchsentwicklung und -verfolgung und zeigt Methoden auf, um Hunde erfolgreich für diese Disziplin auszubilden.

Dieses Buch ist für alle Hundeliebhaber und Trainer gedacht, die ihr Wissen über das Mantrailing erweitern oder ihre Hunde für diese anspruchsvolle Sportart trainieren wollen. Der Leser wird auf eine unterhaltsame und interaktive Reise mitgenommen, die ihm nicht nur die Grundlagen des Mantrailings vermittelt, sondern auch dabei hilft, eine enge und vertrauensvolle Bindung zu seinem Hund aufzubauen.

Dieses Buch erhebt nicht den Anspruch, die eine „wahre Lehre“ im Bereich Mantrailing zu vermitteln. Trailen ist die Summe aller Erfahrungen, die bei der Arbeit mit dem Hund gesammelt werden. Deswegen lohnt immer ein Blick über den eigenen Tellerrand und der Austausch mit anderen Personenspürhundeführerinnen und -führer.

Ich bin davon überzeugt, dass dieses Buch eine wertvolle Ressource für alle sein wird, die sich für das Mantrailing interessieren oder es lieben. Es ist informativ, praktisch und inspirierend und wird sicherlich dazu beitragen, dass Mensch und Hund eine erfolgreiche und erfüllende Mantrailing-Karriere haben werden.

Ihr Manfred Burdich

FLUT ÜBER NACHT

Nach dem schweren Flutunglück im Ahrtal setzen Rettungskräfte Hunde ein, um die Trümmer zu durchsuchen. Einer, der bei der Suche im Ahrtal involviert war, war Manfred Burdich. Wir wollten wissen, was die Einsatzkräfte dort erwarteten. Das Interview erschien im Magazin „HundeWelt“.

Wie war Ihr erster Eindruck? Was hat man gesehen?

So etwas ist nicht vorstellbar. Man schaut sich die Bilder natürlich im Fernseher an und sieht, wie schlimm es ist. Aber vor Ort ist es dann noch einmal schlimmer. Es ist brütend heiß, alles von Schlamm bedeckt. Der Schlamm ist oft mit Öl vermischt und der Gestank ist kaum auszuhalten. Mückenschwärme schwirren umher und es ist brüllend laut. Menschen rufen, um den Motorenlärm der Fahrzeuge zu übertönen, die die Häuser freiräumen oder Reste von Brücken beseitigen. Man kann sich das schwer vorstellen, wenn man es nicht erlebt hat. Zwar sieht man mal ein Interview mit einem Betroffenen in den Nachrichten, aber das wirkliche Ausmaß zeigt sich nicht. Es ist wie nach einem Bombenangriff. Alles ist zusammengebrochen: Die Straßen, Brücken, nichts ist befahrbar. Als wir eintreffen, ist die Chaosphase vorüber. Die Landstraßen zu den Dörfern sind frei. Aber man weiß nie, was einen erwartet, das ist eine starke psychische Belastung.

Hatten Sie Zeit für die Vorbereitung?

Wir wurden am Montag für Mittwoch angefragt, hatten also 48 Stunden Vorlauf. In der Zeit konnten wir uns mit Material versorgen und die Verpflegung organisieren. Es ist immer eine große Freude, wenn man einen Lebenden findet. Aber das war leider nicht die Aufgabe. Wir mussten die Leichen aufspüren. So etwas ist natürlich nicht einfach und es flossen auch Tränen.

Unsere Aufgabe war es, die Stellen zu markieren, wo eine Leiche von unseren Hunden geortet wurde. Dann trugen die Bagger das Geröll ab und die Leichen wurden geborgen. Gerade für die Leute, die die Leichen bergen und die ungeschult sind, war das natürlich eine enorme psychische Belastung. Einmal hatte ein Baggerfahrer eine Kinderleiche in seiner Schaufel. So etwas vergisst man nicht...

Unser Team arbeitet fast vollständig im Gesundheitswesen und hat Erfahrungen, auch mit Leichen. Aber auch für uns war die Nachbesprechung sehr wichtig. Wir redeten darüber, was uns bedrückt und was wir erlebt haben, um es zu verarbeiten. Wir haben auch PsychologInnen im Verein, an die man sich wenden kann, falls man den Einsatz nicht gut verkraftet hat.

> Zwischendurch im Einsatz gab es auch viele Pausen, wo wir Hundeführer mit unseren Hunden irgendwo im Schatten saßen und warteten. Da kamen dann auch manche Bewohner des Dorfes und suchten Gespräche. Gerade an die Hunde haben sie sich gewendet. Da hat man gemerkt, dass es bei den Betroffenen großen Redebedarf gibt. Der Einsatz von Therapiehunden, die wir auch bei uns im Verein ausbilden, scheint eine gute Möglichkeit zu sein, um Menschen bei ihrer Verarbeitung zu helfen. In solchen Fällen bedarf es an einer guten psychosozialen Notfallversicherung, bei der man den Hund gut als Türöffner einsetzen kann.

Am Einsatz waren wir in einer Sportstätte untergebracht und bekamen dann immer wieder Gebiete zugeteilt, die wir mit unseren Hunden absuchen sollten. Es kam auch vor, dass jemand nachts bei uns ans Zelt geklopft hat und noch ein Team brauchte. Alles was man da erlebt, wird erst hinterher realisiert und verarbeitet. Während der Einsätze hat man gar keine Zeit darüber nachzudenken, was gerade alles passiert. Da funktioniert man nur und das ist auch wichtig.

Der Schlamm war so hart, dass man ihn wässern musste, um ihn abtransportieren zu können. Wie eine feste Tonschicht.

“

Während der Einsätze hat man gar keine Zeit darüber nachzudenken, was gerade alles passiert. Da funktioniert man nur und das ist auch wichtig.

Konnten die Hunde unter solchen Bedingungen etwas wittern?

An manchen Stellen ist man bis in die Knie eingesunken. In Häusereingängen oder im Keller war der Schlamm eher zähflüssig. Lag er in der prallen Sonne, war er hart. Aber er war immer mit Holz, Steinen oder Geröll vermischt, so dass Risse entstanden sind. Dadurch konnten die Hunde Witterung aufnehmen. Manchmal konnte man den Leichengeruch auch als Mensch riechen. Auch andere Indizien wie ein Mückenschwarm über einer Stelle können zu einer Leiche führen. Bei so einer Suche arbeiten die eigenen Sinne mit den Sinnen des Hundes zusammen. Mit einem Unterschied. Als Mensch kann man schwer unterscheiden, ob es sich um eine Leiche handelt, oder um einen Tierkadaver. Hunde können das, je nach Ausbildungsstand. Tiere und Menschen haben ein unterschiedliches Geruchsprofil. Im Training arbeiten wir mit menschlichen Gerüchen. Manche arbeiten mit Schweinefleisch, da es ähnlich riecht.

Verlief der Einsatz erfolgreich?

Ja. Wir mussten die Stellen markieren und sind dann weitergezogen. Manchmal erfährt man, ob was gefunden wurde. Die Sensationsgier war dort leider enorm. Da wurde dann direkt die Kamera draufgehalten und fotografiert.

Wir haben uns mit den anderen darauf geeinigt, keine genauen Zahlen der Todesopfer herauszugeben. Wir haben aber leider Leichen aller Altersstufen gefunden, insgesamt im unteren zweistelligen Bereich. Auch als wir da waren, haben wir mitbekommen, was da plötzlich für ein Tourismus war. Das war eigentlich schon pervers. Die Polizei musste die leerstehenden Häuser bewachen, da es auch öfters zu Diebstahl kam. Wirklich traurig...

Ich gebe Ihnen vollkommen Recht. Wie lange konnten die Hunde arbeiten?

Die Hunde waren je Einsatz ca. 30 Minuten dran, insgesamt 2-3 Stunden mit vielen Pausen. Das war eine große Belastung für unsere Hunde und sie mussten oft trinken und sich mal in den Schatten legen. Wir hatten viele Wartezeiten, in denen konnten sie sich ausruhen. Eine Kollegin von mir ist mit zwei Hunden auf die Suche gegangen. War der eine erschöpft, ist sie mit dem anderen los. Das ist natürlich schon Hardcore, da sie insgesamt 4-5 Stunden unterwegs war. Hunde können normalerweise bis zu 30 Minuten konzentriert arbeiten, ehe sie eine Pause brauchen. Aber bei der Hitze, die dort herrschte, konnte man das nicht. Das wäre zu viel geworden. Das ist natürlich auch für den Hundeführer schwer. Zum einen hat man den eigenen Hund und sein Wohlbefinden im Kopf, zum anderen die Menschen in Not. Wir sind gut darauf vorbereitet. Jeden September fahren wir nach Österreich, um zu trainieren. Dort führen wir auch extreme Suchen von Früh bis Spät durch, und durch solche Trainings kriegt man ein gutes Gefühl, wann der Hund überfordert ist. Dort tastet man sich auch an sein eigenes Leistungsvermögen ran. Diese Erfahrungen sind wertvoll.

MIT WIE VIELEN HUNDEN UND MENSCHEN SIND SIE GEFAHREN?

Wir waren 17 Menschen und 11 Hunde. Die Menschen ohne Hund waren Begleitpersonen, da wir eigentlich immer mit zwei Menschen pro Hund ausrücken. Wenn dann mal einer nichts zu tun hatte, half er beim Ausräumen der Häuser. Also bei uns saß eigentlich nie jemand herum, da es immer etwas zu tun gab.

Wie haben die Hunde den Einsatz verkraftet?

Für die Hunde ist das natürlich ein Spiel und sie freuen sich, wenn sie etwas gefunden haben. Der Hund hat dann einen guten Job gemacht, aber man kann sich natürlich nicht darüber freuen, da man ja einen toten Menschen gefunden hat. Da frage ich mich natürlich auch oft: Wie messe ich den Erfolg? Wenn mein Hund fünf Tote gefunden hat, war das dann ein Erfolg? Man hat dann zwar die Gewissheit für die Angehörigen, hat ihnen aber auch jegliche Hoffnung genommen. Man freut sich für den Hund, aber für die Hinterbliebenen tut es einem leid...

Wie haben die Menschen den Einsatz verkraftet?

Das ging natürlich nicht ohne weiteres an uns vorbei. Da viele Leute unseres Teams im Gesundheitswesen arbeiten, haben sie schon Leichen in unterschiedlichen Verwesungsstadien gesehen. Man wird auch mit Bildern vorbereitet von Leichen, die eine Woche alt sind oder im Wasser lagen. Da sieht man auch, wie der Körper sich verändert. Wir arbeiten auch mit verschiedenen Gerüchen im Training mit den Hunden. Dafür arbeiten wir mit echtem menschlichem Gewebe unterschiedlicher Qualität und Kühle. Dabei lassen wir es unterschiedlich lange liegen, sodass unterschiedliche Verwesungsstadien entstehen, dann frieren wir es ein und tauen es auf, sobald wir es im Training brauchen. Dadurch waren wir relativ gut vorbereitet und zusätzlich hatten wir eine intensive und lange Nachbesprechung. Bei uns im Team fängt man sich gegenseitig auf und man hält zusammen. Trotzdem flossen viele Tränen in der Nachbesprechung. Es ging nicht emotionsfrei an uns vorbei.

DANKE
AN ALLE HELFER
MAIK
LEAH
MARY
MEL

EINLEITUNG

ALLEINE IST MAN STARK – GEMEINSAM WIRD MAN UNSCHLAGBAR! UND UNTRENNBAR.

Ob man mit seinem Familienhund Mantrailing als attraktive Freizeitbeschäftigung betreibt oder sich bei der Rettungshundearbeit zu Hause fühlt – der Einstieg in die Ausbildung ist für beide gleich. Und er ist jederzeit möglich, weil das Alter des Vierbeiners keine wesentliche Rolle spielt. Wie bei jedem neuen Hobby sind die Anfänge bedeutsam. Geht man hier ordentlich und sorgfältig vor, vermeidet man typische Anfängerfehler, die später mühevoll wieder heraustrainiert werden müssen.

Dieses Buch hat das Ziel, den Weg vom „Anfängerhund“ bis zum beginnenden Rettungshund praxistauglich aufzuzeigen, damit jeder die einzelnen Schritte mit dem eigenen Hund nachvollziehen kann. Es macht Lust, in die geheimnisvolle Arbeit der Personensuche einzusteigen.

Wer hätte es gewusst? Ein einfacher Weg, das Herz eines Hundes zu beruhigen, ist, ihn Schnüffeln zu lassen. Französische Forscher fanden heraus, dass sich die Geschwindigkeit des Herzschlags um bis zu 20% verringert, wenn Hunde zum Schnüffeln stehen bleiben.

Außerdem: Hunde, die Nasenarbeit leisten, werden selbstsicherer, entspannter und zufriedener. Sie erleben eine ihrer Art entsprechende Auslastung und reagieren wie Menschen, die Erfüllung in einem Hobby oder ihrem Beruf finden. Mit diesem Buch wird jeder Halter in Theorie und Praxis fit gemacht, so dass der Einstieg in wenigen Schritten sicher gelingt. Unsere Hunde machen es uns dabei leicht. Sie überraschen mit einer Geruchssensibilität, die der unsrigen weit überlegen ist. Die wahren Weltmeister im Schnüffeln vertrauen bei der Erforschung der Umgebung mehr auf ihre Nase, als auf ihre Augen. Sie ermöglicht ihnen die gleichzeitige Wahrnehmung von Vergangenheit (Wer war hier?), Gegenwart (Was ist gerade hier?) und Zukunft (Was bahnt sich an?). Und weil sie es gut können, macht es sie glücklich. So sehr, dass Tierschutzorganisationen wie die PETA den Slogan „Hunde müssen schnüffeln dürfen – ein Grundbedürfnis für jeden Hund“ entwickelt haben. Mit anderen Worten: Herzlichen Glückwunsch! Es ist immer eine gute Entscheidung, die Nase des Hundes auszubilden.

1. NASE VORN:

EINE REISE IN DIE WELT DES HÜNDISCHEN GERUCHSSINNS

Wenn Kinder vermisst sind, ist die Lage immer besonders dramatisch. So war es auch bei dieser Suche:

Vermisst war ein 13-jähriger Junge, der mit seiner alleinerziehenden Mutter in einer benachbarten Kreisstadt zusammenlebt. Beide haben sich offenbar heftig gestritten - was bei pubertierenden Jugendlichen nicht außergewöhnlich ist. Im Streit hat der Junge etwa zehn Tabletten eines rezeptfreien Schmerzmittels eingenommen und ist von zu Hause ausgerissen. Die Polizei leitete sofort eine groß angelegte Suchaktion ein. Es war Nacht, es war kalt und es war vollkommen unklar, wo sich der Junge aufhalten könnte. Freunde, Verwandte und die üblichen Treffpunkte von Jugendlichen waren bereits von der Polizei abgesucht. Einer unserer Hunde - Falco, ein belgischer Schäferhund (Groenendael), hat die Spur von der Wohnung des Jungen und seiner Mutter aufgenommen und ist durch das komplette Wohngebiet getrailt. Schließlich konnte er - relativ schnell - gefunden werden. Er hatte sich am Rande der Siedlung in einer Brache versteckt und sich unwahrscheinlich geschämt. Ihm war nicht bewusst, was er an Suchmaschinerie durch sein Verschwinden ausgelöst hat. Wir haben ihm eine Jacke von uns übergelegt, ihn in den Arm genommen und ihm der Obhut seiner Mutter (und einem Psychologen der Polizei) übergeben. Die Lektion hat er gelernt und auch die Einnahme der Schmerztabletten blieb ohne gesundheitliche Folgen.

Ein gut trainierter Hund kann alles finden. Im Mantrailing konzentrieren wir uns auf die Suche nach vermissten Personen. Der Vierbeiner sucht beim „Trailen“ nach dem Individualgeruch eines Menschen. Dabei wird er von einem Hundeführer angeleitet. Damit man dazu in der Lage ist, muss man wissen, wo die Spur zu finden ist.

JEDER MENSCH ZIEHT EINE UNVERKENNBARE SPUR.

Der Individualgeruch des Menschen besteht aus verschiedenen Stoffen. Dies sind zum einen Hautschuppen, die sich vom Körper lösen – sogenannte „Rafts“. Dazu gesellen sich Schweißtröpfchen und Mineralien, die im Schweiß eingeschlossen sind. Die natürliche Bakterienflora der Haut und Bakterien und deren Abbauprodukte machen jeden Menschen für den Hund einzigartig. Da wir in jeder Minute etwa 40.000 Geruchspartikel verlieren, die aus den vorgenannten Elementen bestehen, ist es für den Hund möglich, unsere Spur zu verfolgen. Und eineiige Zwillinge? Auch die unterscheiden sich, aber in Nuancen. Die Regensburger Diensthundegruppe der Polizeihunde Oberpfalz hält dafür extra spezielle Trainingseinheiten ab und sucht dafür ständig Freiwillige. Nämlich eineiige Zwillinge, wie Simon und Lukas. Der Regensburger Zeitung zeigten sie, wie zuverlässig die Hunde arbeiteten. Am 18.8.22 gingen die beiden erst ein Stück Weg gemeinsam, um sich dann in verschiedene Richtungen zu trennen. Und? Alle Personensuchhunde hatten die richtige, vorher abgefragte Fährte aufgenommen und ihren Hundeführer zum „richtigen" Zwilling geführt. Sie haben einen eineiigen Zwilling? Interessenten können sich an die Zentralen Einsatzdienste Regensburg unter der Telefonnummer 0941/506-2401 wenden.

WIE SICH DIE SPUR VERTEILT.

Diese Geruchspartikel sind sehr, sehr leicht. Sie steigen zuerst vom Körper nach oben hin auf. Dies liegt daran, dass die Körpertemperatur mit durchschnittlich 37 °C in der Regel wesentlich höher ist als die Umgebungstemperatur. Und dann? Bildet sich in der Folge um den Körper des Menschen eine Thermik. Warme Luft steigt nach oben und nimmt dabei die Geruchspartikel mit. Je nach Wind- und Witterungsverhältnissen werden sie weitergetragen, bis sie dann, der Schwerkraft folgend, zum Liegen kommen. Bei einer sehr frischen Geruchsspur spricht man daher von einer schwebenden Spur. Befinden sich die Geruchspartikel bereits am Boden oder der Umgebung (Sträucher, Hecken, Hauswände, etc.) und haften dort fest, sprechen wir von einer klebenden Geruchsspur.

WARUM MAN MIT EINER KLEBENDEN SPUR STARTEN SOLLTE.

Um im Training die Wartezeiten zu verkürzen, wird häufig mit einer schwebenden Geruchsspur gearbeitet. Viele, auch erfahrene Trainer glauben, eine frische Spur sei für den Hund einfacher als eine ältere Spur. Das ist ein Irrtum. Tatsächlich ist es umgekehrt: Dadurch, dass bei einer frischen Spur die Geruchspartikel noch in der Luft umher wirbeln, muss der Hund quasi „dreidimensional" riechen, um der Geruchsspur folgen zu können. Bei einer klebenden Spur schnüffelt der Vierbeiner lediglich am Boden entlang, um in die richtige Richtung zu trailen.

WAS EINE KONFETTI-WOLKE DAMIT ZU TUN HAT.

Um seinen Hund optimal zu unterstützen, muss man wissen, was dieser wahrnimmt. Um es bildlich zu machen, ist hier ein Beispiel:

Wir stellen uns vor, in der Umgebung, in der sich der Trail befindet, wirbelt überall buntes Konfetti umher. Jeder Papierschnipsel steht für einen Geruchspartikel. Rotes, blaues, gelbes, grünes, weißes, violettes Konfetti. Überall Konfetti! Und der Hund soll jetzt einer bestimmten Konfettifarbe – zum Beispiel „gelb" – folgen. Solange dieses Konfetti noch in der Luft umher wirbelt, muss er permanent schauen, wo das nächste gelbe Konfetti ist, dem er folgen soll. Permanent muss er die Konfettifarben abgleichen und sich dabei allein auf „gelb" konzentrieren. Eine wahre Meisterleistung. Liegt das Konfetti jedoch bereits am Boden, so kann er sich auf die liegenden und am Boden haftenden Konfettistücke konzentrieren. Dies ist für ihn natürlich einfacher. Folglich ist eine Spur, die bereits etwas älter ist, leichter für den Hund auszuarbeiten.

WIE EINE SCHWEBENDE SPUR ZU EINER KLEBENDEN SPUR WIRD UND WAS SICH DABEI VERÄNDERT.

Je nach Witterungsverhältnissen und Luftdruck dauert es zwischen 20 bis 30 Minuten, bis aus einer schwebenden Spur eine klebende Spur entsteht. In dieser Zeit werden die Geruchspartikel von der Luft weggetragen. Daher ist die klebende Spur nicht identisch mit der tatsächlich gelaufenen Spur der Versteckperson. Ein gutes Beispiel dafür ist, wenn man sich im Herbst das gefallene Laub anschaut. Dies verschafft einen ganz guten Eindruck darüber, wie sich Geruchspartikel verhalten. Herbstlaub wird zum Beispiel hinter Autos hinterhergezogen, weil hinter fahrenden Kraftfahrzeugen ein Sog entsteht. Das Laub sammelt sich in Hauseingängen oder Nischen am Wegesrand oder verfängt sich an Hecken, die Grundstücke begrenzen. Genauso verhält es sich mit diesen Geruchspartikeln. Sie werden durch Wind und Wetter weggetragen, durch Regen weggewaschen und sammeln sich dann an Stellen, an denen sich der Wind mit der Umgebung bricht. Deshalb ist es mitunter ganz normal und für deinen Hund vollkommen richtig, wenn er mitunter weit abseits der tatsächlich gelaufenen Spur der vermissten Person trailt. Er folgt der höchsten Konzentration der Geruchspartikel, die sich irgendwo gesammelt haben. Je widriger die Wetterverhältnisse sind, umso schwerer wird es sein, den Trail zu laufen. Wind verweht die Geruchspartikel, Starkregen wäscht diese weg - insbesondere auf Asphalt - und Kälte lässt die Hundenase austrocknen. Unmöglich machen solche Verhältnisse einen Trail hingegen nicht, erschweren diesen aber zwangsläufig.

WAS MANTRAILER UND FÄHRTENHUNDE UNTERSCHEIDET.

Das unterscheidet das Trailen im Übrigen deutlich von der Fährtenarbeit. Bei der Fährtenarbeit sucht der Hund nach der Bodenverletzung, die dadurch entsteht, dass Gewicht auf organischen Untergrund gerät. Mit jedem Schritt wird organisches Gewebe zerstört und es beginnen sofort Zersetzungsprozesse. Bei der Fährtenarbeit sucht der Hund genau nach diesen Folgen der Bodenverletzung. Beim Trailen hingegen sucht der Hund die Geruchspartikel der vermissten Person. Und diese haften nun einmal auch auf Asphalt und Beton. Das führt dazu, dass ein trainierter Hund tatsächlich in jedem Gelände fähig sein wird, dem Individualgeruch einer vermissten Person zu folgen. Ein Fährtenhund ist jedoch nur auf die Bodenverletzung konditioniert und ist somit im Gegenzug in der Lage, der tatsächlich gelaufenen Spur zu folgen, weil er nicht auf den Individualgeruch der Versteckperson angewiesen ist.

UM EINES VORWEGZUNEHMEN: JEDER HUND KANN TRAILEN.

Denn es liegt in der Natur eines jeden Beutegreifers, dass er fähig ist, Spuren zu verfolgen. Trailen ist nichts anderes als Verfolgen einer Spur nach Beute. Es ist ein Element aus dem natürlichen Jagdverhalten des Hundes. Nämlich die Sequenzen:

1. Aufnehmen der Spur,
2. Verfolgen der Spur und
3. Stellen der Beute.

Lediglich auf das Packen, Töten und Fressen der Beute wird beim Trailen aus wohl nachvollziehbaren Gründen verzichtet. Die Aufgabe als Hundeführer beim Trailen ist es lediglich, dem Hund das Verfolgen einer menschlichen Geruchsspur schmackhaft zu machen. Dazu aber später mehr...

DAS IST DIE GRÖSSTE HERAUSFORDERUNG FÜR DEN HUNDEFÜHRER.

Ein guter Trailer kann seinen Hund perfekt „lesen". Er ist im Stande, jedes Signal seines Vierbeiners korrekt zu übersetzen. Er weiß, was es bedeutet, wenn der Hund den Körper in eine gewisse Richtung dreht. Wie er ein Negativ anzeigt und wann er plötzlich ins Stöbern gerät. Ein guter Trailer beobachtet die Körpersprache seines Hundes genau, um später die entsprechenden Schlüsse daraus ziehen zu können.

Und Trailen bedeutet auch einen Paradigmenwechsel. Während wir im Alltag von unserem Hund zu Recht erwarten, dass er uns folgt, ist es beim Trailen genau umgekehrt. Hier übernimmt der Hund die Führerschaft und der Mensch folgt. Egal wohin. Im Vertrauen auf das Leistungsvermögen der Hundenase.

Dieser Rollenwechsel ist sowohl für „Mensch", als auch für „Hund" am Anfang häufig schwer zu verstehen. Der Schlüssel, mit dem man es schafft, ist Vertrauen. Und genau das ist auch das Geheimnis einer erfolgreichen Sucharbeit. Aber wie entsteht Vertrauen? Indem der Mensch weiß, wie der Hund kommuniziert und der Hund die Sicherheit entwickelt, dass er von seinem Halter verstanden wird. Eine funktionierende und artgerechte Kommunikation zwischen Mensch und Hund schafft Vertrauen und ist der Schlüssel zum Erfolg eines jeden Mantrailers.

WAS WIR IN DIESEM KAPITEL GELERNT HABEN:

1. Jeder Mensch verliert ständig Geruchspartikel, die einzigartig sind und die der Hund wittern kann.
2. Eine frische Spur stellt für den Hund eine größere Herausforderung dar, als eine ältere.
3. Deshalb startet man mit einer klebenden Spur.
4. Der Hund schnüffelt nicht auf der Fährte, sondern dort, wo sich die Geruchspartikel ansammeln.
5. Um das nachvollziehen zu können, sollte man auf die Windrichtung achten und auf die Stellen, an denen sich der Wind bricht.
6. Wenn der Hund sucht, kommt es zu einem Rollenwechsel. Er übernimmt die Führung, wir folgen. Das ist für viele schwierig.
7. Diese Erfahrung von Selbstwirksamkeit stellt für den Hund eine Erfüllung dar.

EXTRA: WIE SKLAVEN VOR BLUTHUNDEN FLÜCHTETEN

– DIE DUNKLE GESCHICHTE DER PERSONENSUCHE

Viele glauben, Mantrailing sei eine Erfindung aus den Vereinigten Staaten von Amerika. Irrtum. Mantrailing ist nach heutigem Kenntnisstand eine ganz urdeutsche Erfindung. Erste Aufzeichnungen darüber, dass Hunde zum Verfolgen von Personen eingesetzt wurden, finden sich bereits 1473. Heinrich Mynsinger beschreibt, wie Hunde eingesetzt wurden, um verdächtige Personen aufzuspüren und zu verfolgen. Weitere Dokumentationen finden sich in den Lehrbüchern zur Polizeihundeausbildung aus dem Jahre 1903, 1910 und 1911.

Und 1923 publizierte Max von Stephanitz in der Zeitschrift „Der Deutsche Schäferhund in Wort und Bild" über die Personensuche mittels Polizeihunden. Und Johann Ludwig Hansmann schreibt in der „Zeitschrift für Hundeforschung" 1931 einen Aufsatz zum Thema: „Unter welchem Gesichtspunkt erfolgt die praktische Verwendung des Polizeihundes". Somit war es wohl der Polizeihundearbeit zu Beginn des 20. Jahrhunderts zu verdanken, dass auch heute noch Mantrailer bei der Personensuche eingesetzt werden.

DIE DUNKLE GESCHICHTE DES TRAILENS

Allerdings ist die Geschichte der Personensuche mit Personenspürhunden nicht immer glorreich verlaufen. Die Amerikaner nutzten zum Beispiel Bluthunde, um entlaufene Sklaven nachzuverfolgen und aufzuspüren. 1850 beschloss der amerikanische Kongress das sogenannte Bloodhound-Gesetz, den Fugitive Slave Act. Es gab den Sklavenhaltern das Recht, im ganzen Territorium der Vereinigten Staaten nach «Runaways» zu suchen und sie zurückzufordern. Denn immer mehr Sklaven wagten die Flucht nach Kanada – als Teil des britischen Empires ist dort seit 1834 die Sklaverei verboten. Je mehr flohen, desto einträglicher wurde das Geschäft von professionellen Sklavenjägern, die Bloodhounds zum Aufspüren einsetzten. Der sanfte und anhängliche Hund ist fürs Suchen gezüchtet. Dank der idealen Halsform kann er im vollen Lauf mit der Nase auf den Boden reichen.

Im Zweiten Weltkrieg setzten auch Soldaten der US-Army Personenspürhunde ein, um verletzte Soldaten in den Schlachtfeldern zu lokalisieren und bergen zu können. Und die Grenzgruppen der Nationalen Volksarmee der Deutschen Demokratischen Republik nutzten Personenspürhunde, um sogenannte Republikflüchtlinge zu verfolgen und zu stellen.

AdobeStock: fotografie4you.eu

ES GAB VIELE VORURTEILE

In der Rettungshundearbeit fanden Mantrailer-Hunde erst um die Jahrtausendwende Einzug. Anfangs wurden die Personenspürhundeführer von den etablierten Hilfsorganisationen noch äußerst kritisch beäugt und zum Teil als Scharlatanerie verunglimpft. Organisationen wie der Arbeitsgemeinschaft Mantrailing ist es - neben anderen Pionieren der Szene - zu verdanken, dass die Personensuche durch Personenspürhunde heute weitgehend etabliert ist. Eine weitere Pionierin des modernen Mantrailings in Deutschland ist Ursula Maasen aus der Bodenseeregion. Sie hat das Thema Mantrailing aus der Schweiz nach Deutschland „importiert“ und war eine der Ersten, die sich diesem Thema hier gewidmet hat.

2. ES GEHT LOS:

TIPPS FÜR DEN ERSTEN TRAIL

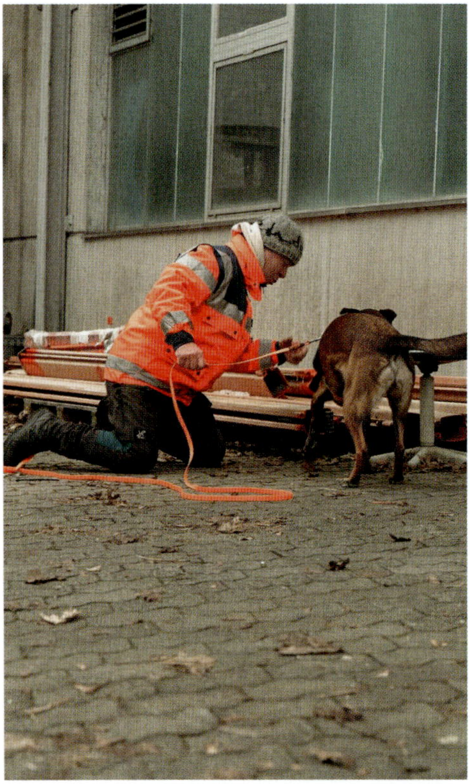

Der erste Trail ist relativ einfach gehalten. Manche Trailgruppen wählen ein möglichst reizarmes Gelände, manche legen gleich in der Stadt und auf Asphalt los. Im Prinzip ist es weitgehend egal, weil der Hund von Anfang lernt, sich auf den Geruch der vermissten Person zu fokussieren. Und ein vermeintlich reizarmes Gebiet im Wald kann zum Beispiel für einen passionierten „Jäger" ganz schön ablenkungsreich sein...

Deswegen folgt der erste Trail immer der gleichen Dramaturgie: Der Hund wird an das Suchgeschirr genommen, die Versteckperson verabschiedet sich vom Hund, dann wird im der Geruchsartikel präsentiert und der Trail kann starten. Auf Sicht und auf kurze Distanz, so dass sich das Erfolgserlebnis für Hund und Mensch sofort einstellt. Der erste Trail ist also alles andere als Hexenwerk.

WARUM MANTRAILING ALS KÖNIGSDISZIPLIN GILT.

Für viele ist es die Königsdisziplin unter den verschiedenen Möglichkeiten, mit seinem Hund auf Spurensuche zu gehen. Und in der Tat: Die Suche nach dem Individualgeruch eines Menschen ist eine besondere Herausforderung für Mensch und Hund. Und es ist eine Art der Sucharbeit, die stets spannend bleibt. Denn die Variationen an Suchszenarien, die Möglichkeit mit verschiedenen Versteckpersonen zu arbeiten, und das stete Wechseln des Suchgebiets lässt keine Langeweile aufkommen. Weder beim Mensch, noch beim Hund. Der Einstieg ins Mantrailing - die Suche nach Men-

schen anhand dessen Individualgeruches - ist gar nicht so schwer. Und das notwendige Equipment ist überschaubar und vergleichbar günstig. Kein Wunder also, dass Mantrailing zu Recht Einzug in viele Hundeschulen genommen hat.

DIE AUSRÜSTUNG IST ÜBERSCHAUBAR.

Zum Trailen braucht man:

1. Ein gut sitzendes Brustgeschirr.
2. Eine Schleppleine.

Als Länge der Leine empfehlen sich sechs bis acht Meter, das Material der Leine ist Geschmackssache. Jeder sollte einfach mal ausprobieren, was zu ihm und seinem Hund am besten passt. In einem separaten Kapitel gebe ich wertvolle Tipps zum richtigen Kauf der Ausrüstung.

WARUM DER HUND DAS GESCHIRR NUR BEIM TRAILEN TRÄGT

Keineswegs kann man das bewährte Brustgeschirr aus dem Alltag verwenden. Es ist von entscheidender Bedeutung, dass man ein spezielles Brustgeschirr nur zum Trailen verwendet, um den Hund sauber aufzubauen. Nur so weiß er bereits beim Anlegen des Suchgeschirrs, dass es jetzt "an die Arbeit" geht. Er wird sich so bereits in den richtigen „Fokus“ bringen.

WESHALB MAN FREIWILLIGE BRAUCHT.

Weiterhin braucht man die eine oder andere willige Versteckperson, die sich zur Suche bereit erklärt. Zur Versteckperson gehört auch immer ein in einer Tüte (oder einem Glas) luftdicht verpackter Geruchsartikel. Das kann ein möglichst körpernah getragenes Kleidungsstück sein oder auch ein Handy oder Schlüsselbund. Irgendetwas halt, das den Geruch der "vermissten" Person trägt. Für den Anfang empfiehlt sich aber eher ein Kleidungsstück, ein so genannter "warmer" Geruch, im Gegensatz zu "kalten" Gerüchen wie Schlüssel, ein zuvor angefasster Stein oder dergleichen. Später kann man die Geruchsartikel variieren. Denn auch so wird die Sucharbeit für den Hund jedes Mal neu erlebt.

DIE ZAUBERFORMEL BEIM TRAILEN.

Die Versteckperson beschäftigt sich zunächst spielerisch mit dem Hund, "freundet" sich ein bisschen an. Das geschieht durch ein kurzes Spiel, oder ein paar Leckerlis. Manchmal reichen auch bereits ein paar Streicheleinheiten, damit der Hund der Versteckperson folgen will. Das ist überhaupt die Zauberformel beim Trailen: Der Hund muss wollen und nicht müssen! Das heißt konkret: Jede Phase des Trainings muss für den Hund als angenehm empfunden werden.

DER START INS MANTRAILING IST EINFACH.

Jetzt entfernt sich die Versteckperson langsam vom Hund fort. 50 Meter Entfernung genügen für den Anfang. Dann bleibt die Versteckperson hinter einer natürlichen Barriere (zum Beispiel einem Baum) für den Hund nicht sichtbar versteckt.

Praxis-Tipp: Für den ersten Trail kann die Versteckperson alle paar Meter ein Blatt Toilettenpapier auf den Boden legen. Dies dient zum einen als "Geruchsverstärker" und zum einen als gefühlte Sicherheit für den Hundeführer. Es sorgt für schnelle Erfolge und das stärkt die Begeisterung beim Hund und beim Menschen.

DER ERSTE TRAIL: SCHRITT FÜR SCHRITT

1. Die Aufgabe des Trailers: Während sich die Versteckperson entfernt, sollte man die Aufmerksamkeit des Hundes weiterhin auf das "Opfer" lenken. Wie das geht, erkläre ich in einem späteren Kapitel.

2. Der Einsatz des Geschirrs: Ist die Versteckperson außer Sicht, nimmt man den Hund ins Suchgeschirr. Es ist für ihn der Start, dass die Suche beginnt.

3. Leine und Geruch einfügen: Die Schleppleine wird am Geschirr befestigt und man präsentiert den in einer Tüte befindlichen Geruchsartikel.

4. Richtig Anriechen lassen: Es ist mitnichten notwendig, dass der Hund mit seiner Nase in die Tüte geht. Man kann den Geruchsartikel auch etwas nach außen stülpen und den Hund so anriechen lassen. Das Anriechen verknüpft man gleich mit einem Signalwort - zum Beispiel "Riech".

5. Es geht los: Sobald der Geruchsartikel sicher in der Jackentasche verstaut ist, bekommt der Hund das Signal zum Start, wie zum Beispiel „Trail".

6. Was jetzt geschehen sollte: Passt die Motivation beim Hund und man hat es geschafft, die Spannung bei ihm aufrecht zu erhalten, so wird dieser jetzt den unwiderstehlichen Drang besitzen, unbedingt zu seiner "Versteckperson" zu wollen. Dort angekommen gibt es natürlich ein besonders dickes Lob vom Hundeführer. Und auch die Versteckperson darf sich anfänglich mitfreuen.

Ab jetzt heißt es: Trainieren, trainieren, trainieren. Die Trails bleiben spannend, indem immer wieder eine neue Schwierigkeit in den Trail eingebaut wird. Das können Abzweige, Geländeübergänge oder Verleitpersonen sein. Oft von mir genutzte Verleitungen erkläre ich in einem späteren Kapitel. Bleibt erfinderisch und neugierig!

WAS WIR IN DIESEM KAPITEL GELERNT HABEN:

1. Der Hund braucht ein Geschirr, reserviert nur fürs Trailen.

2. Beim Anlegen des Geschirrs kommt er in den Fokus.

3. Am Anfang startet man mit einem „warmen Geruch"

4. Das Geheimnis des Trailens: Der Hund muss es wollen.

5. Ball, Leckerli oder Lob: Jeder Hund hat einen anderen Schlüssel zur Motivation.

6. Es ist wichtig, den Hund in einen optimalen Spannungszustand zu bringen. Übererregung schadet, genau so wie Phlegma. Dazu braucht es Fingerspitzengefühl. Ich werde das in den folgenden Kapiteln genauer beleuchten.

3. OB JUNG ODER ALT:

JEDER HUND KANN TRAILEN LERNEN. ODER?

Es liegt in der Natur des Hundes, einer Spur zu folgen. Hätte er diese Fähigkeit nicht, würde er in der Natur schlicht verhungern. Es ist jedem Beutegreifer angeboren, immer der frischesten Spur und immer in die richtige Richtung zu folgen. Deshalb kann jeder Vierbeiner trailen. Lediglich das individuelle Leistungsvermögen kann von Hund zu Hund und von Hunderasse zu Hunderasse differieren. Und dennoch können einige Dinge gegen die intensive Sucharbeit mit Hund sprechen. Was ist ein K.O.-Kriterium und wem hilft es?

1. UNVOLLSTÄNDIGER IMPFSCHUTZ.

Ein Hund, der trailt, gerät in intensiven Kontakt mit der Umwelt. Und die ist nicht hygienisch rein. In Wald und Unterholz lauern Krankheitserreger, Viren, Bakterien, Würmer und Zecken. Ein kompletter Impfschutz ist für sein Wohlergehen unerlässlich.

2. DAS MINDESTALTER?

Das Eintrittsalter beim Trailen sollte nicht vor der 16. Lebenswoche erfolgen. Das schließt aber nicht aus, dass man bereits schon früher die ersten Suchspiele zu Hause macht.

3. FREIE ATMUNG.

Qualzuchthunde, die ohnehin schon Schwierigkeiten haben, genügend Luft zu bekommen, scheiden ebenfalls beim Trailen aus. Hierzu gehören sehr kurznasige Vertreter, wie der Mops, manche französische Bulldoggen oder Mischlinge aus ihnen. Ein Hund, der trailt, sollte keine körperlichen Einschränkungen aufweisen.

4. MENTALE VORAUSSETZUNGEN.

Wünschenswert ist auch, dass der Vierbeiner keine Aggressionen gegenüber

Menschen zeigt. Man stelle sich eine „echte" Suche vor, bei der die vermisste und aufgespürte Person Angst vor Hunden hat und in dieser Angst die Arme nach oben reißt. Hunde könnten dies als Angriff missverstehen und gegebenenfalls „auslösen", also zubeißen.

5. VERHALTENSAUFFÄLLIGE HUNDE

Angsthunde können beim Trailen einfach ihre Ängste vor fremden Menschen überwinden. Trailen gibt diesen Hunden Selbstvertrauen und das Erfolgserlebnis beim Auffinden einer Person lässt so manchen Hund seine Ängste vergessen. Auch Hunde mit gesteigertem Aggressionsverhalten können trailen. Es sollte aber mit Maulkorb gearbeitet werden.

Das Arbeiten mit verhaltensauffälligen Hunden sollte mit fachlicher Begleitung erfolgen. Denn auch hier gilt: Safety first!

6. TIERSCHUTZ-HUNDE

Hier bieten sich neue und unbegrenzte Möglichkeiten zur gemeinsamen „Arbeit" und zum Bindungsaufbau. Hunde aus dem Tierschutz profitieren von dieser Art der Teambildung ungemein.

7. KÖRPERLICHE FITNESS BEIM MENSCHEN

Als Hundeführer benötigt man ein Mindestmaß an körperlicher Fitness. Aber auch hier gilt: Der Weg ist das Ziel. Niemand erwartet sportliche Höchstleistungen.

8. ZEIT, GEDULD, LERNBEREITSCHAFT

Wer trailt, sollte Zeit einkalkulieren. Man benötigt die notwendige Zeit, mit dem eigenen Hund zu arbeiten, und sollte auch bereit sein, für andere als Begleit- oder Versteckperson zu dienen. Der Trailer sollte über ein hohes Maß an Einfühlungsvermögen und Geduld verfügen, gepaart mit Lernbereitschaft.

9. MOBILITÄT IST ERFORDERLICH

Denn die Trainingsorte müssen regelmäßig gewechselt werden. Das Wechseln ist deswegen erforderlich, weil sich Hunde über einen sehr langen Zeitraum die alten Verstecke von früheren Trainingseinheiten merken. Trailst du immer wieder an den gleichen Orten, so verleitet es deinen Hund, zuerst die alten Verstecke aufzusuchen, weil dies für ihn zunächst energiesparender ist, als die Nase einzusetzen. Darüber hinaus hält das regelmäßige Wechseln der Trainingsorte die Spannung bei Mensch und Hund hoch. So ist jede Situation und jede Trainingseinheit neu und bleibt unterm Strich immer spannend. Und ganz nebenbei lernt man immer mehr schöne Ecken in seiner Heimat kennen - Orte, die man sonst, nie aufgesucht hätte.

4. AUSBILDUNGS-MODELL:

ERFOLG DURCH DAS AIS-PRINZIP

Wie lernt der Hund trailen? Gar nicht. Er kann es schon. Die Kunst der Ausbildung ist es, die Motivation zum Suchen zu fördern und den Hund „lesen" zu lernen.

DIE GRUNDLAGE IST DAS „AIS-PRINZIP"

Das erfolgreiche Training basiert auf drei Elementen:

- **Attention - Aufmerksamkeit**
- **Interest - Interesse**
- **Satisfaction - Befriedigung.**

ATTENTION: ACHTUNG UND GENAU HINGEHÖRT!

„Ich habe wichtige Informationen für dich." Das sollte beim Hund ankommen. Es klingt so leicht, ist für manche aber schwer. Wie gewinne ich die Aufmerksamkeit meines Hundes? Und wie behalte ich sie? Nichts anderes bedeutet Attention.

Mein Tipp: Flüstern hilft fast immer, seinen Hund zu animieren.

Ein Vierbeiner, der eher an Mauselöchern interessiert ist, als an der Sucharbeit, wird schneller scheitern. Hier hilft es nur, das Interesse an der Versteckperson hochzuhalten. Manchmal hilft es, wenn sich Familienangehörige verstecken, bis der „Groschen" beim Hund gefallen ist. Und auch die Variabilität in der Belohnung hilft ungemein. Hat der Hund einen entsprechenden Spieltrieb, kann man dem „Mauselochinteressierten" auch eine Beißwurst als Ablenkung und zusätzlichem Reiz entgegenwerfen, um dann mit der Beißwurst und einer Spielaufforderung davon zu laufen.

Eine Empfehlung: Der Hund sollte vor der Sucharbeit ausreichend Gelegenheit haben, sich zu lösen, ohne dass er sich schon vorab erschöpft. Eine volle Blase ist meiner Erfahrung nach häufig der Grund, weshalb Hunde sich nicht konzentrieren können.

INTEREST: SPIEL, SPASS UND SPANNUNGSAUFBAU

Damit der Vierbeiner das Interesse am Trailen behält, muss es spannend bleiben. Routine ist der Boden für Langeweile und sollte vermieden werden. Deshalb gilt:

- Kein Trail ist gleich.
- Die Schwierigkeiten variieren.
- Die Versteckpersonen wechseln und sollten sich in unterschiedlichen Auffindesituationen befinden (dazu später mehr).

SATISFACTION: DAS WOHLIGE GEFÜHL, GROSSES GESCHAFFT ZU HABEN.

Und am Ende steht die Befriedigung (= Satisfaction). Also die Belohnung am Ende der erfolgreichen Suche. Auch hier hilft es, erfinderisch und abwechslungsreich zu sein.

Die klassische Befriedigung ist die Futterbelohnung. Denn Fressen ist essentiell für den Hund. Aber auch das gemeinsame Spiel ist eine wunderbare Belohnung für ihn. Hier darf es gerne auch ein Zerrspiel sein. Die gemeinsame spielerische Interaktion mit dem Hund erhöht nachweislich den Lernerfolg.

WAS WIR IN DIESEM KAPITEL GELERNT HABEN:

- Wir müssen den Hund nicht lehren, zu suchen. Das kann er schon.
- Die Kunst besteht darin, dass es uns gelingt, dieses Suchverhalten mit einem Markerwort zu verknüpfen und abrufbar zu machen.
- Um das zu schaffen, nutzen wir das AIS-Prinzip – Attention, Interest, Satisfaction.

AdobeStock:Rachel, johanlofphoto

5. TRAININGS-GRUNDLAGEN

FÜR ANFÄNGER

Im Folgenden stelle ich meine Trainingsschritte vor. Sie haben sich in meiner Praxis bewährt, sind aber keineswegs „allgemeinverbindlich“. Es gibt durchaus andere Methoden, die ähnlich erfolgreich sind. Methoden zum Beispiel, die ohne Markierungen auskommen oder ohne Leckerli. Jeder Trailer ist in der Wahl seiner Mittel frei – ich stelle an dieser Stelle meine zur Verfügung.

MEIN ERSTER SCHRITT: DAS STARTRITUAL

Jeder Hund braucht Rituale. Sie schaffen Sicherheit und Vertrauen. Das wichtigste Ritual beim Trailen ist das Startritual. Ich gestalte es immer gleich:

- Ich rufe meinen Hund zu mir und lasse ihn sitzen. Dann lege ich ihm das Suchgeschirr und die Suchleine an, lasse ihn an der Geruchsprobe anriechen und starte die Suche mit dem Signalwort „Trail“.

- Häufige Fehler:
  Dieses Startritual muss aus „einem Guss“ sein. Man sollte weder überlegen müssen, was als Nächstes kommt, und man sollte in den Kleinigkeiten auch

keine Varianten einbauen. Das irritiert den Hund, der sogar auf die Mikromimik des Menschen achtet. Man kann am Anfang ohne Hund üben und das Ritual solange durchspielen, bis man in der Lage ist, es immer auf die gleiche Art und Weise durchzuführen. Es ist hilfreich, das zuerst ganz langsam zu machen und sich zu entscheiden, auf welche Weise man das Geschirr hält, wie man es anlegt – es muss wirklich ganz genau gleich ablaufen, ansonsten wird der Hund irritiert. Dem fällt es nämlich auf, wenn auch nur eine Winzigkeit anders ist. Manchen hilft es, sich diesen Prozess schrittweise aufzuschreiben.

- Ich hatte bereits angesprochen, dass wir ein separates Suchgeschirr brauchen, das nur fürs Trailen reserviert ist. Das Trail-Geschirr soll sich von der Machart deutlich vom Alltagsgeschirr unterscheiden. Es macht keinen Sinn, das gleiche Geschirr zum zweiten Mal zu kaufen. Der Hund soll den Unterschied spüren. Es versteht sich von selbst, dass der Hund es gerne tragen soll, deshalb darf es nicht drücken oder kneifen. So wird er sehr schnell das Anlegen des Geschirrs mit der Sucharbeit verknüpfen und kommt so in den Fokus. Genauso wie ein Arbeiter, der früh morgens seinen „Blaumann“ anzieht…

- Gleiches gilt für das Signalwort zum Start des Trails. Es ist wichtig, ein Wort zu verwenden, das ausschließlich fürs Trailen reserviert ist. „Such!“, „Trail!“, „Mensch verloren!“, egal - Hauptsache es unterscheidet sich deutlich von anderen Kommandos und findet auch in der Alltagssprache wenig Gebrauch. Das macht es für den Hund eindeutiger. Deshalb ist „Such“ auch weniger gut geeignet. Man nutzt es im Alltag einfach zu häufig.

- Für die Geruchsprobe eignet sich ein frisch getragenes Kleidungsstück der Versteckperson. Je körpernäher dieses getragen war, umso besser, denn umso leichter ist es für den Hund. Gerade am Anfang sollte die Sucharbeit für den Hund möglichst einfach gestaltet sein und stets mit einem Erfolgserlebnis enden.

Tipp:

Zum einfachen Merken ist hier nochmals das Startritual in Schlagworten:

Anziehen - Anriechen - Anfangen!

MEIN ZWEITER SCHRITT: DER TOILETTENPAPIER-TRAIL

Der Toilettenpapier-Trail dient als erste Basisübung. Man benötigt eine Versteckperson, ein passendes Suchgeschirr, eine maximal acht Meter lange Schleppleine, eine Geruchsprobe der Versteckperson und natürlich Leckerli in einer Dose oder in einem Futterbeutel. Alternativ geht auch das Lieblingsspielzeug des Hundes, wenn er es spannender findet als Futter. Und eine Rolle (unbenutztes) Toilettenpapier. Der Aufbau erfolgt folgendermaßen:

- Wir rufen den Hund zu uns. Die Versteckperson steht in unmittelbarer Nähe und übergibt ihre Geruchsprobe. Wir halten den Hund fest und lenken seinen Blick auf die Versteckperson. „Schau mal!", „Guck!": Solche Kommandos im Flüsterton gesprochen, verbunden mit einer körpersprachlichen Geste (zum Beispiel ein Fingerzeig) in Richtung der Versteckperson lenken die Aufmerksamkeit deines Hundes unweigerlich auf die in Kürze vermisste Person.

- Attention = Aufmerksamkeit, das erste Element des AIS-Prinzips. Die Aufmerksamkeit des Hundes ist voll auf die Versteckperson gerichtet. Die Spannung des Hundes steigert sich, wenn wir im Flüsterton mit ihm sprechen.

- Jetzt ist es an der Zeit, dass die Versteckperson beginnt, den Hund mit den Leckerlis oder dem Spielzeug spielerisch zu reizen. Er darf jedoch nicht zur Versteckperson hin! Noch nicht. Denn genau das steigert das Interesse (= Interest) des Hundes an der Versteckperson ungemein. „Da ist ein Mensch, der hat Leckerli, der will spielen - da will ich hin!" So oder ähnlich wird der Hund denken.

- Jetzt entfernt sich die Versteckperson. Langsam. Alle paar Meter geht sie in die Knie und legt ein Blatt Toilettenpapier auf den Boden. Das Toilettenpapier fungiert hier zum einen als Geruchsverstärker (die Versteckperson hatte ja

jedes einzelne Blatt in der Hand) und zum anderen als Markierung des Trailverlaufs. Während sich die Versteckperson entfernt, halten wir die Spannung des Hundes gegenüber der Versteckperson unbedingt aufrecht. Wir flüstern, wir zeigen. Der eine Hund braucht mehr Ansprache, der andere weniger.

- Für diesen ersten Trail reicht es, wenn die Versteckperson etwa 50 m geradeaus läuft und sich dann links oder rechts entlang des Wegverlaufs versteckt, etwa hinter einem Busch.

- Ist die Versteckperson im Versteck angekommen, beginnen wir mit dem Startritual: Wir ziehen unserem Hund das Suchgeschirr an, nehmen ihn an die Suchleine, lassen ihn anriechen und starten die Suche mit dem gewählten Suchwort.

- Der Hund wird jetzt die Suche sehr schnell aufnehmen. Anfangs wird er der Versteckperson einfach nachrennen - aber spätestens bei der Abbiegung in das Versteck wird er von sich aus beginnen, die Nase zu gebrauchen.

- Wenn der Vierbeiner sich nach dem Suchkommando in Bewegung setzt, gebe ich ihm etwa drei Meter Leine, bevor ich mitlaufe. Ein Fehler wäre es, einfach hinterherzurennen. Sonst könnte der Hund dies körpersprachlich falsch interpretieren, nach dem Motto: „Auf sie mit Gebrüll!"

- Auf dem Trail sollte die Leine immer leicht angespannt sein. Auf diese Weise behält man den Kontakt zum Hund und man kann mit ihm über die Leine kommunizieren.

Hat unser vierbeiniger Partner die Versteckperson gefunden, wird er ausgiebig gelobt. Ich bin gerade am Anfang immer sehr großzügig mit Leckerli oder Spiel als Belohnung. Denn dies ist das dritte Element in der Handlungskette: Satisfaction (= Befriedigung).

- Nach jeder abgeschlossenen Suche wird das Suchgeschirr abgenommen. Dies signalisiert deinem Hund, dass „seine" Arbeit jetzt beendet ist.

AdobeStock:annav

Ich wiederhole diese Übung maximal dreimal. Höchstens aber so lange, wie es dem Hund noch Spaß macht, denn das Training sollte mit einem Erfolgserlebnis enden. Danach hat er sich eine Pause verdient. Pausen sind wichtig, denn in der Ruhephase hat der Hund die Möglichkeit, die Ereignisse mental zu verarbeiten.

Wichtig:

Ich biete meinem Hund immer - auch unterwegs - frisches Wasser zum Trinken an. Seine Riechschleimhäute müssen immer feucht sein. Die Geruchspartikel lösen sich im feuchten Milieu der Nasenschleimhäute - nur so kann ein Hund riechen. Trocknet die Hundenase aus, nimmt die Riechleistung rapide ab. Wasser ist Doping für den Suchhund!

Tipp:

Ich plane die ersten Schritte zum Trailen immer in reizarmer Umgebung auf weichem Untergrund. Keine Katzen, keine Eichhörnchen, keine Wühlmäuse. So machen wir es dem Vierbeiner am Anfang möglichst leicht. Schließlich geht es zunächst darum, dass er begreift, was wir von ihm erwarten. Die Schwierigkeitsstufen können später noch weiter gesteigert werden- dann bleibt auch das Trailen für den Hund stets interessant und spannend.

MEIN DRITTER SCHRITT: DER BASISTRAIL

Der Aufbau ist der gleiche wie beim Toilettenpapiertrail. Wir verzichten lediglich auf das Toilettenpapier als Geruchsverstärker und Wegmarkierung. Stattdessen markiert die Suchperson ihren Weg mit Fähnchen, Fährtenband, Sägespänen, Kreide, Wäscheklammern, oder dergleichen.

Während man beim Toilettenpapiertrail den Geruchsartikel noch nicht zwingend in einer Tüte präsentieren muss, sollte jetzt damit begonnen werden. Der Hund soll also aus einer Tüte heraus anriechen lassen. Manche Hunde scheuen davor zurück. Dann sollte man eine Tüte verwenden, die möglichst nicht raschelt und stülpt die Geruchsprobe etwas aus der Tüte heraus.

Tipp:

Um die Angst vor der Tüte zu nehmen, empfehle ich, in den Tagen vorher Leckerli in eine solche Tüte zu geben, die der Hund sich herausfischen darf.

MEINE NÄCHSTEN SCHRITTE

Alle Trails laufen nun nach demselben Muster ab.

- Jemand versteckt sich.
- Dann vollführt man das Startritual.
- Gemeinsam mit dem Hund begibt man sich auf die Suche.
- Am Ende wird der Hund belohnt und man zieht das Geschirr aus.

Noch ein kleiner Hinweis: Zu Beginn der Ausbildung lassen wir die Versteckperson belohnen, um eine entsprechende „Opferbindung" zur Versteckperson aufzubauen. Der Hund soll ja einen Grund haben, zur Versteckperson zu wollen. Dieser Grund ist schlicht die Belohnung. Hat der Hund das „Spiel" verstanden, weiß er also, was zu tun ist und was von ihm erwartet wird, wandert die Belohnung zum Hundeführer zurück. Dieser belohnt dann aber stets bei der vermissten Person, so dass auch hier die Verknüpfung zur Versteckperson gegeben ist. Lässt man die Versteckperson immer mit dem Futter davon laufen, so läuft man Gefahr, dass der Hund nur das Futter sucht, an der Versteckperson selbst aber gar kein Interesse hat.

Beim weiteren Training empfiehlt es sich, mit einem kurzen Basistrail zu starten. Danach kommt ein Trail, der dem Ausbildungsstand des Hundes angemessen ist. Also mit „eingebauten Schwierigkeiten". Danach wird das Training mit einem leichteren Trail abgeschlossen. Der Basistrail am Anfang des Trainings dient als Aufwärmübung. Der letzte Trail soll dem Hund ein abschließendes Erfolgserlebnis bescheren. Der „tatsächliche" Trainingstrail liegt also in der Mitte eines Trainings.

Ich baue im Verlaufe der Zeit immer mehr Schwierigkeiten in die Trailverläufe ein. Mit einer Regel. Ich mute dem Hund nie mehr als eine neue Schwierigkeit pro Übungseinheit zu. Parallel dazu baut man die Markierungen der Trails schrittweise ab. Mit vielen kleinen Schritten bekommt man größere Erfolge. Eine Überforderung dagegen wirft den Hund zurück, im schlimmsten Fall verliert er die Lust. Mantrailing ist Teamarbeit - der Spaßfaktor soll für alle Beteiligten erhalten bleiben.

SCHWIERIGKEITEN UND VERLEITUNGEN:

Folgende Möglichkeiten erschweren die Sucharbeit und können beim Legen der Trails Zug um Zug eingebaut werden:

- Geländeübergänge
- Wegkreuzungen
- Wechselnde Witterungsverhältnisse
- Verschiedene Tageszeiten,
- Backtracks (sog. Sackgassen, die die Versteckperson läuft),
- Geruchspool (die vermisste Person hat sich längere Zeit an einem Ort aufgehalten und ist dann weiter gegangen),
- Splitting (zwei oder mehr Versteckpersonen laufen weg und trennen sich; der Hund muss jedoch die richtige Person finden),
- Line-Up (am Ende des Trails steht die Versteckperson in einer Gruppe; der Hund muss die richtige Person anzeigen),
- Verleitungen (Spaziergänger, andere Hunde, Geräusche, etc.),
- Alter der Spur,
- ungewöhnliche Verstecke (Hochsitz, im Auto, Versteckperson liegt, steht, kniet...).

Die eigentliche Kunst beim Trailen liegt darin, die Sprache des Hundes während der Suche zu deuten. Der Mensch muss lernen, zu erkennen, wann der Hund die Spur verloren hat, wenn er unsicher oder nervös ist. Und er muss adäquat darauf reagieren. Das „Lesen lernen" des Hundes ist unabdingbar mit der Sucharbeit verbunden und fördert das Verständnis für den Hund und die Bindung zum Hund.

Trailen kann man immer und überall. Es ist leicht, die ganze Familie mit einzubinden. Es ist möglich, einfach so zum Spaß zu trailen, man kann sich aber auch professionell in der Rettungshundearbeit engagieren. Alles ist möglich. Und Trailen ist vor allem eines: eine der besten und artgerechtesten Beschäftigungsmöglichkeiten für den Hund.

WAS WIR IN DIESEM KAPITEL GELERNT HABEN:

- Wir können einen Übungstrail mit Toilettenpapier aufbauen.
- Wir wissen, wie wir von da aus einen Basistrail gestalten.
- Man trainiert je Einheit drei Trails: leicht – schwer – leicht.
- Im schweren Trail fordern wir den Hund, gemäß seines Ausbildungsstands. Dabei gilt: Wir erhöhen immer nur um eine Schwierigkeit.

6. „NORWEGERGESCHIRRE SCHEIDEN DEFINITIV AUS.“

ENTSCHEIDUNGSHILFEN ZUM KAUF DER AUSRÜSTUNG

1. Das korrekte Brustgeschirr: Es sollte gut sitzen und den Hund in seiner Bewegungsfreiheit nicht einschränken. Die weit verbreiteten Norwegergeschirre scheiden definitiv aus. Am besten schaut man im gut sortierten Fachhandel vorbei und probiert die verschiedenen Führgeschirre einfach mal an. Und natürlich muss das Brustgeschirr der Anatomie des Hundes entsprechen. Zur Not kann man sich auch ein Suchgeschirr nach Maß anfertigen lassen. Dies ist eine einmalige Investition, kaum teurer als ein Geschirr von der Stange und auf jeden Fall ein Unikat - genau wie der Hund!

2. Die praktische Leine: Und natürlich brauchen wir eine Trailleine. Das Material und Gewicht der Trailleine sollte der Größe und dem Gewicht deines Hundes angepasst sein. Eine Empfehlung kann hier kaum ausgesprochen werden. Manche Hundehalter schwören auf Biothane®, manche auf Leder und manche auf eine Leine aus Polypropylen. Auch hier gilt: Ausprobieren, bevor man sich entscheidet. Sonst kauft man womöglich doppelt.

3. Die richtige Leinenlänge: Für Trails in urbaner Umgebung (sog. Stadttrails) empfiehlt sich eine Leinenlänge von etwa 5 m, für Feld, Wald und Wiese sollte die Leinenlänge nicht mehr wie 8 - 10 m betragen.

4. Wasser für unterwegs ist ein absolutes Muss. Falls der Hund im Job zu aufgeregt ist und deswegen eher zu wenig bis gar nicht trinkt, kann man dem Trinkwasser etwas Ziegenmilchpulver beifügen. Diese „Ziegenmilch light“ wird von den allermeisten Hunden gerne aufgenommen und die Nasenschleimhaut wird somit immer feucht gehalten.

AdobeStock:AlexGo,tan4ikk

5. Belohnungen: Als Belohnung können Leckerli verschiedener Güte oder auch ein Spielzeug verwendet werden - es kommt immer darauf an, auf welche Art von Belohnung der Hund am meisten „abfährt".

6. Warnweste: Da beim Trailen auch der Grundsatz „Safety first" gilt, zieht man als Hundeführer auf jeden Fall eine Warnweste an. Die Westenpflicht gilt natürlich auch für die Begleitpersonen.

7. Markierhilfen: Gerade am Anfang der Ausbildung kann es sinnvoll sein, den Trail zu markieren. Eine Markierung des Trails dient dazu, dass der Hundeführer schneller lernt, seinen Hund zu lesen. Die Gefahr dabei ist jedoch, dass man seinem Hund unbewusst Signale über den Verlauf des Trails gibt. Um dies zu vermeiden, ist ein Höchstmaß an eigener Körperselbstbeherrschung erforderlich. Als Markiermaterial haben sich Straßenkreide, Fährtenmarkierband, Spraykreide oder Sägespäne bewährt. Ob Markierungen auf dem Trail verwendet werden oder nicht, scheidet die Geister in der Mantrailing-Szene. Wahrscheinlich liegt die Wahrheit, ob mit oder ohne Markierung gearbeitet wird, irgendwo in der Mitte. Gerade am Anfang, wenn der Hundeführer noch sehr unsicher ist, kann ein Markieren des Trails durchaus sinnvoll sein. Der Mensch kann sich dann vollkommen auf seinen Hund konzentrieren und sich seine Körpersprache sehr genau einprägen. Das macht das Training dann später einfacher, wenn man einen „Singleblind-Trail" oder einen „Doubleblind-Trail" ausarbeiten darf. Denn durch die markierten Trails weiß man dann bereits, welche Körpersprache der Hund in den verschiedensten Situationen anzeigt. Dieses Wissen verhilft zu den notwendigen Informationen, die es ermöglichen, den Trailverlauf zu beurteilen. Man fragt sich nämlich immer: Sucht er noch, oder stöbert er herum?

7. DEN HUND AUF DEM TRAIL LESEN LERNEN.

AdobeStock: Julija,sonyachny

Jeder Hund hat eine individuelle Körpersprache. Vielen hilft es, wenn jemand den trailenden Vierbeiner mit dem Handy filmt. Dann kann man die Körpersprache des Hundes später in aller Ruhe analysieren. Jeder Hund hat hierbei seine ganz individuelle Ausdrucksweise. Eine generelle Regel, welche Aktion beim Hund was bedeutet, lässt sich leider nicht aufstellen. Auf folgende Verhaltensweisen des Hundes ist beim Trailen zu achten und muss stets individuell bewertet werden:

1. Der Kopf: Wie ist die Kopfbewegung? Wird sie langsamer? Blickt der Hund fragend zu mir zurück?

2. Wie beginnt der Trail? Kreist der Hund, schüttelt er sich oder zieht er gleich in eine bestimmte Richtung?

3. Macht er eine Pause? Bleibt der Hund auf dem Trail plötzlich stehen, stellt er sich quer oder hält er die Nase hoch in den Himmel?

4. Wie bewegt er sich über ein freies Feld? In Zick-Zack-Bewegungen, Schlangenlinien oder eher gerade voran?

5. Hoch oder tief? Wo hat er den Kopf? Schnüffelt er mit der Nase am Boden oder hält er die Nase in den Wind?

6. Wie ist die Rutenhaltung? Wie ist sie, wenn der Hund auf Spur ist und wie verändert sich diese, wenn er die Spur verloren hat? „Die Wedelrichtung bedeutet den Tieren etwas", sagt Giorgio Vallortigara von der Universität Trento. Forscher haben im Fachmagazin Current Biology davon berichtet, dass der Hund optimistisch gestimmt ist, wenn er mit der Rute eher nach rechts wedelt und eher unsicher, wenn sie nach links ausschlägt. Ein ruhig getragene Rute kann auf Anspannung und Angst hindeuten. Aber Ausnahmen bestätigen die Regel. Jeder Hund ist anders.

7. Wie bewegt sich der Kopf des Hundes? Blickt der Hund öfters mal kurz in eine Richtung oder neigt sich sogar der komplette Körper deines Hundes in eine Richtung? Verändert sich der Körperschwerpunkt? Intelligente Hunde neigen dazu, ihren Kopf öfter zu einer Seite zu neigen, fanden Verhaltensbiologen der Eötvös-Lorand-Universität in Budapest heraus. Sie trainierten mit 40 Border Collies unterschiedliche Wortkommandos ein. Sieben von ihnen waren ausgesprochene Superlerner. Sie lernten schneller, besser und mehr und sie hatten eine Gemeinsamkeit: Alle neigten den Kopf häufiger, wenn sie ein Kommando hörten. Und zwar in 43% der Fälle – die anderen Border Collies zeigten das Verhalten nur in 2% der Fälle. „Es scheint, dass es einen Zusammenhang zwischen dem Erfolg beim Auffinden eines benannten Spielzeugs und dem häufigen Neigen des Kopfes beim Hören seines Namens gibt", sagt einer der Forscher, Shany Dror, in einer Pressemitteilung. In welche Richtung der Hund den Kopf dabei neigt, war Neigungssache. Es hatte keinen Einfluss auf die Leistung, ob er ihn nach rechts oder links neigte. Allerdings hatten alle Hunde eine bevorzugte Seite.

All das sind individuelle Merkmale der Körpersprache eines Hundes. Und sie kann im Übrigen von Hund zu Hund ganz unterschiedlich sein, selbst dann, wenn die Hunde der gleichen Rasse angehören. Hilfreich ist ein hundeerfahrener Begleiter auf dem Trail, der dabei hilft, alle Signale des Hundes wahrzunehmen und zu interpretieren.

AdobeStock: Julija,Daymon Long/Wirestock Creators

WAS WIR IN DIESEM KAPITEL GELERNT HABEN:

1. Jeder Hund hat eine andere Körpersprache.
2. Diese muss entschlüsselt werden.
3. Dazu beobachtet man das Verhalten des Hundes auf dem Trail.
4. Wichtig ist es, die Aufmerksamkeit gezielt auf spezielle Körperregionen zu lenken.
5. Wer seinen Hund gut liest, weiß genau, ob der Hund die Fährte noch sicher verfolgt und ab wann er unsicher wird.

Um die Körpersprache seines Hundes zu interpretieren, hilft es, die Trails zu videografieren. Beim Anschauen der Videos kann man dann ganz genau und im Zweifel in Zeitlupe analysieren, welches Verhalten der Hund wann auf dem Trail gezeigt hat. Als Trailer - und das gilt für Anfänger und Profis gleichermaßen - ist man immer darauf angewiesen, von anderen beobachtet und wohlwollend kritisiert zu werden. Denn auf dem Trail passieren so viele Dinge, Nuancen der Körpersprache des Hundes, ein Blick in eine Abzweigung, die Rutenhaltung, die Haltung des Kopfes, das Spiel mit den Ohren, und so weiter. Und ganz nebenbei muss man noch die Umwelt, den Verkehr, unbeteiligte Passanten, und und und im Auge behalten. Hier hilft nur eine retrospektive Analyse zur individuellen Weiterentwicklung.

8. FÜR BESSER-LERNER:

WIE HUNDE LERNEN

„Nun such doch", schrie der Mann den jungen Hund an. Und der?

Hunde kennen die Bedeutung unserer Worte nicht, obgleich sie lernen können, diese zu interpretieren. Sie reagieren vielmehr auf unsere Körpersprache, auf die Art, wie wir Laute von uns geben (laut, leise, traurig, wütend, usw.). Hunde sind Meister im Interpretieren von Gestik und Mimik, kein Wunder: Denn Hunde kommunizieren untereinander hauptsächlich durch Körpersprache. Es hilft nicht, den Vierbeiner „tot zu quasseln" oder anzuschreien.

Woran mag es liegen, dass wir Menschen denken, der Hund würde unsere Sprache verstehen? An den ganzen Zeichentrick-Filmen von Walt Disney, in denen die Tiere mit den Menschen sprechen? Oder an den anderen Mensch-Tier-Filmen, in denen kluge Hunde scheinbar mühelos jedes Wort verstehen können? In Wahrheit ist es anders. Der Hund muss erst lernen, uns zu verstehen. Genau wie wir lernen sollten, ihn zu deuten. Wie das zuverlässig funktioniert:

Alle lebenden Wesen können lernen. Sonst könnte es sich niemals den Gegebenheiten des Lebens anpassen. Lernen dient dazu, Gefahren zu erkennen und künftig zu vermeiden und gilt als Überlebensstrategie. Wer nicht lernt, stirbt. Die Fähigkeit zu lernen ist jedem in die Wiege gelegt.

WAS WIR ÜBERS LERNEN WISSEN

Lernen kann sich sowohl absichtlich (wie wir es zum Beispiel aus der Schule kennen) als auch beiläufig ergeben. Das beste Beispiel? Die meisten Hunde kennen das Geräusch der sich öffnenden Kühlschranktür und eilen sofort mit breitem Grinsen herbei. Weil sie herausgefunden haben, dass im Kühlschrank Leckereien gelagert werden und ein breites Grinsen die Erfolgsaussichten auf einen Happen mehr steigert, als ein stures Starren. Wichtig: Wir Menschen müssen erst lernen, die Körpersprache des Hundes zu lesen. Unser Hund kann das schon. Er beobachtet uns den ganzen Tag lang – er hat ja nichts anderes zu tun. Deshalb geben wir auf einem Trail auch oft unbewusste Signale, die dem Hund zeigen, wo er suchen soll. Dies vermeidet man, wenn ein anderer den Trail legt und wir selbst nicht wissen, wo es lang gehen soll.

LERNEN MACHT SCHLAUER

Die Lernkurve steigt sowohl im intellektuellen, charakterlichen, sozialen oder körperlichen Gebiet stetig an. Lernen ist somit ein Prozess der stetigen Veränderung des eigenen Verhaltens, des eigenen Denkens, des Fühlens und der Selbstwahrnehmung. Unsere Hunde lernen im wesentlich nicht anders als Menschen. Dennoch gibt es einige Dinge, die du als Hundehalter über das Lernverhalten deines Hundes wissen solltest. Warum und wie lernt dein Hund überhaupt? Welche Formen der Konditionierung gibt es? Was versteht man unter positiver oder negativer Verstärkung?

WARUM LERNT EIN HUND?

Um seine eigene Situation zu optimieren. Dieser kleine Egoist. Es muss sich für ihn lohnen. Ein Hund, der recht verfressen ist, kann mit Futterbelohnung zum Lernen animiert werden. Manche werden eher durch Spiel oder durch taktile Zuwendung im Lernverhalten gefördert. Je nach Hund wählt man die richtige Methode. Da die Motivation ein so großes Thema ist, gehe ich darauf in einem gesonderten Kapitel nochmals ein.

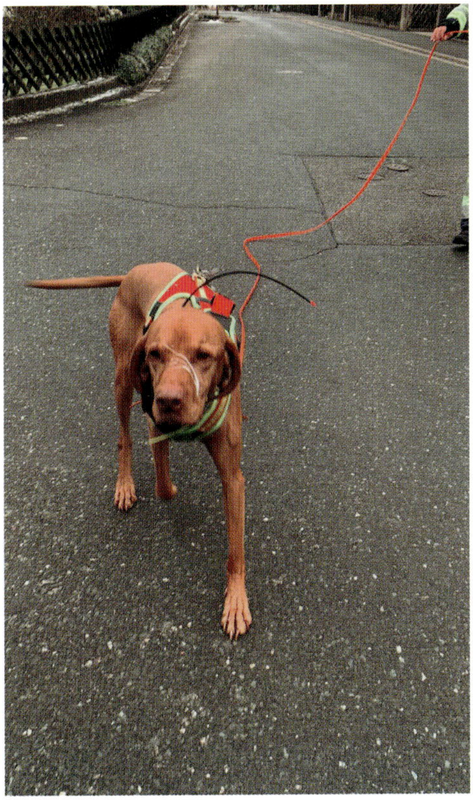

FEUER TUT WEH – DIE ROLLE DER VERKNÜPFUNG

Im Wesentlichen lernt der Hund durch Assoziationen. Zwei Dinge, die sehr kurz hintereinander passieren, werden in seinem Kopf miteinander verknüpft. Die Assoziationszeit hier beträgt eine halbe bis maximal zwei Sekunden. Die Kenntnis dieser Zeitspanne ist wichtig, um das erwünschte Verhalten im richtigen Moment zu belohnen. Viele sind zu spät. Soll der Vierbeiner zum Beispiel Sitz machen, belohnt man das Hinsetzen punktgenau dann, wenn der Hund sich setzt und verbindet es gleichzeitig mit dem zugehörigen Signalwort. Hier kommt es aufs Tempo an. Das richtige Timing sorgt für schnelleres Lernen.

Lohnt sich das Verhalten für den Hund, zeigt er es öfter. Lohnt es sich nicht, schleicht er es aus. Im Grunde also ganz einfach. Minensuchhunde werden nach jeder Mine belohnt! Vergisst man das nur einmal, kann es sein, dass sie diesen Sprengstoff von da an aus dem Gedächtnis werfen. Vierbeiner sind extrem logisch.

WIR UNTERSCHEIDEN ZWEI LERNFORMEN.

Die klassische und die instrumentelle Konditionierung.

Die klassische Konditionierung verdanken wir dem Pawlow´schen Experiment.

Pawlow läutete eine Glocke im Beisein eines Hundes. Dieser reagierte nicht. Dann läutete Pawlow, während er Futter reichte. Nach einiger Zeit reichte es, die Glocke zu läuten und der Hund speichelte, in Vorfreude auf das zu erwartende Futter. Der einstmals neutrale Reiz hatte eine Bedeutung bekommen. So funktioniert Verknüpfung.

In der Weiterentwicklung entstand die instrumentelle Konditionierung. Jetzt kommt Lob und Strafe ins Spiel. Man hat folgende vier Reaktionsmöglichkeiten zur Auswahl:

1. Der Hund zeigt ein erwünschtes Verhalten und erfährt etwas Angenehmes. Das kann eine tolle Futterbelohnung sein, ein Lob oder ein Spiel. Der Hund wird das Verhalten in Zukunft öfter zeigen.

2. Statt etwas Angenehmes zuzufügen, kann ich den Hund von Unangenehmem entlasten. Zieht er an der Leine und ich reagiere, indem ich nicht weitergehe, dann ist der Leinendruck nicht angenehm. Geht er ein Stück zurück, entspannt sich die Leine und er wird von nun an öfter im Leinenradius bleiben.

3. Zeigt der Hund ein unerwünschtes Verhalten, arbeitet man in früheren Zeiten oft mit Schmerz. Das ist nicht mehr zeitgemäß und tierschutzwidrig. Er erfährt Angst, Schreck oder Unwohlsein. Hunde, denen regelmäßig Schmerz zugefügt wird, legen früher oder später ein gesteigertes und mitunter unkontrolliertes Aggressionsverhalten an den Tag. Außerdem ist die Gefahr der Fehlverknüpfung extrem hoch.

4. Um unerwünschtes Verhalten zu unterbinden, besteht – zumindest in der Theorie – die Möglichkeit, etwas für den Hund Angenehmes zu entfernen - zum Beispiel das Wegnehmen von Spielzeug oder Futter. Diese Art der Verhaltenskorrektur führt jedoch zu Frustration. Und Frustration führt letztendlich zur Verweigerung der Kooperation mit den Menschen und zu Unlust.

DER KLUGE AUSBILDER MEIDET FEHLER

Wir wollen, dass der Hund freudig sucht. Es soll ihm Spaß machen. Das ist spätestens im Einsatz als Rettungshund wichtig, weil er unter schweren Umständen Leistung abrufen muss. Es ist laut, heiß oder schwül. Die Motivation ist dann entscheidend. Deshalb arbeiten wir so, dass wir erwünschtes Verhalten durch positive Bestätigung belohnen und arbeiten mit Ritualen. Diese schaffen für den Hund Sicherheit. Sie geben einen Rahmen vor, innerhalb dessen sich der Vierbeiner sicher bewegen darf. Diese Rituale gilt es in liebevoller Konsequenz durchzusetzen und auf deren Einhaltung zu drängen. Es ist letzten Endes immer so: Der Sturere gewinnt. Man muss nicht laut werden, aber man wartet so lange, bis der Hund nachgibt. So gewinnt man einen Hund, der dem Menschen vertraut und folgt. In jeder Situation. Egal ob im Alltag, im Hundesport, in der tiergestützten Intervention oder in der Rettungshundearbeit - und vor allem beim Trailen.

WAS WIR IN DIESEM KAPITEL GELERNT HABEN

1. Der Hund muss freiwillig suchen.
2. Dazu soll er lernen, dass dieses Spiel toll ist.
3. Das lernt er durch Verknüpfung.
4. Die Zeit, in der er verknüpft, ist extrem kurz.
5. Deshalb muss die Belohnung punktgenau kommen.
6. Strafen führen zu Frust und Aggression.
7. Regeln setzt man einfach durch, indem man sturer ist, als der Hund.

9. „KOMM MIT, DANN BEKOMMST DU AUCH EIN LECKERLI…"

NUR RICHTIG BELOHNEN BRINGT DEN ERFOLG!

Belohnen ist weit mehr, als ein Leckerchen geben, oder den Hund zu streicheln. Wer es kann, weckt ungeahnte Potenziale in seinem Vierbeiner.

WIE ES NICHT GEHT

Eine Zeit lang wurden in der Hundeszene Leckerlis verteufelt. Gerade unter den Jagdhunde-Ausbildern hieß es: „Der Hund macht es freiwillig, nur für dich. Sobald er ein Leckerli bekommt, ist das vorbei!". Sie setzten eher auf verbales Lob. Nur: Manche Hunde drehen dadurch zu sehr auf. Wie also belohnt man richtig? Dass man es machen soll, steht außer Frage. Denn die Belohnung zeigt dem Hund, dass das, was er gerade tut, richtig ist. Wie soll er es sonst herausfinden?

WANN BELOHNUNG ZUR BESTECHUNG WIRD

Belohnung ohne Bindung und aktive Führungsrolle ist lediglich Bestechung. Der Mensch degradiert sich zum bloßen Futterautomaten. Richtiges Führen vermittelt Sicherheit und Geborgenheit. Die beiden Gefühle sind Grundbedürfnisse jedes sozialen Lebewesens. Eine innige Bindung wird zu demjenigen aufgebaut, der diese erfüllt. Der erste Schritt ist demnach, dem Hund Geborgenheit zu schenken. Damit er sich sicher fühlt.

WAS GESCHIEHT HINTER DER HUNDESTIRN, WENN ER GELOBT WIRD?

Im Gehirn jeden Hundes sind vier „Systeme" verankert, die entscheiden, in welchem Umfang Führung und Motivation gelingt. Es lohnt sich, darüber Bescheid zu wissen.

DIESE VIER SYSTEME SIND:

1. Das Belohnungssystem (als wichtigstes System);
2. Das Emotionssystem (das System des „Wollens");
3. Das Erinnerungssystem und
4. Das Entscheidungssystem.

DAS BELOHNUNGSSYSTEM

Hauptsächlich sind drei Gehirnareale betroffen:

- **Der Nucleus accumbens als Teil des mesolimbischen Systems,**
- **das ventrale tegmentale Areal des Mittelhirns und**
- **die präfrontale Region der Großhirnrinde.**

Will ich das oder lieber doch nicht? Diese Entscheidung setzt im Gehirn des Hundes eine Reihe an blitzschnellen Reaktionen in Kraft. Am Ende entscheidet der Nucleus accumbens nach dem Lustprinzip. Wissen wir, wie die Entscheidungsprozesse im Hund ablaufen, können wir diesen Prozess leichter moderieren.

Hierzu ein Beispiel: Goldie Liz riecht Käse. Sie liebt diesen würzigen Geschmack. Alleine der Duft bewirkt, dass sie aus lauter Vorfreude Dopamin ausschüttet. Das geschieht im ventralen tegmentalen Areal des Mittelhirns. Das Dopamin flitzt durchs Gehirn und sucht einen Platz zum Andocken. Den findet es in der präfrontalen Großhirnrinde. Zack, setzt es sich dorthin und sorgt dafür, dass Liz glücklich wird. Super, bald gibt es Käse, das wird lecker. Wird ihr der Käse angeboten, entscheidet sie sich also bewusst, diesen zu fressen. Und dann? Meldet das Großhirn: „Großartig, so lecker!" und schickt diese Information an das ventrale tegmentale Areal des Mittelhirns zurück. Biologen sprechen davon, dass sich die sogenannte ventrale Schleife schließt.

DAS EMOTIONSSYSTEM:

Das hat Folgen. Jetzt wird das Glückshormon Serotonin ausgeschüttet. Liz schwebt nach dem Genuss des Käses also wohlig zufrieden auf Wolke 7 und möchte diesen Zustand zu gerne wieder erreichen.

DAS ERINNERUNGSSYSTEM:

Je prägender das Erlebnis war, desto tiefer gräbt es sich in ihr Gedächtnis ein. Und dann? Wird es dominanter und drängender. Die Aussicht auf Käse lässt Liz also bereits freudig Richtung Wolke 7 schweben.

DAS ENTSCHEIDUNGSSYSTEM:

Wie entscheidet sie sich wohl, wenn sie vor die Wahl gestellt wird, etwas zu tun? Und dabei schon den Käse im Leckerli-Beutel wittern kann? Höchstwahrscheinlich wird sie hochmotiviert mitmachen.

Wichtig:

Wissenschaftlich dargestellt besteht das Belohnungssystem aus dem Zusammenspiel der Neurotransmitter Dopamin und Serotonin. Dopamin ist verantwortlich für die Motivation, das „Wollen", und Serotonin für die Befriedigung und Bestätigung.

HÖHER – SCHNELLER – WEITER! HUNDE IM ADRENALIN-RAUSCH

Dieser Prozess muss so moderiert werden, dass er in bestimmten Grenzen verläuft. Sind die Ereignisse stressig, angenehm oder zu aufregend freudig, werden Adrenalin und Endorphine ausgeschüttet. Diese Substanzen lösen rauschähnliche Zustände aus und können süchtig machen.

Wie Border Collie Luke. Kaum sieht er seinen Ball, muss er ihn jagen. Und bringen, damit Frauchen ihn wieder wirft. Und wieder. Und wieder. Er findet kein Ende.

Schlafen kann er nicht gut. Allzeit bereit wartet er auf den nächsten Ballwurf. Jeder kennt sie: Die Steckerl-Depperl und die Ball-Junkies. Es sind bedauernswerte Kreaturen. Ihre Menschen? Sind für sie nicht mehr als Ballwurfmaschinen. Einmal auf den Geschmack gekommen, werden sie süchtig nach dem nächsten Kick, ausgelöst durch die Ausschüttung von Dopamin, Adrenalin und von Endorphinen. So entwickelt sich zwangsläufig ein Suchtverhalten, wie wir es zum Beispiel auch bei Extremsportlern beobachten können. Ein neuer „Rausch" wird nur eintreten, wenn die Frequenz des Erlebens erhöht oder das Erleben selbst verstärkt wird. Ein Ball-Junkie kennt kein Ende beim Spiel, immer schneller, immer weiter - so lautet seine Devise. Wird seine Sucht nicht befriedigt, fordert er diese Befriedigung ein - durch Bellen, Anspringen, aggressives Verhalten oder sonstige Verhaltensauffälligkeiten. Derartige Süchte sind übrigens erlernt und lebenslang latent vorhanden. Der Mensch hat bei unkontrollierten Ball- und Rennspielen eine hohe Verantwortung. Nicht alle Hundehalter sind sich dessen bewusst.

Verlassen wir aber diesen kleinen Exkurs zum Thema „Suchtgefahr": Zur Aktivierung des Belohnungssystems werden im Hundetraining die unterschiedlichsten Belohnungen eingesetzt. Jede muss dabei im Zusammenhang mit der ausgeführten Aktion stehen und unmittelbar erfolgen. Folgendes gilt dabei zu berücksichtigen.

WIE BELOHNE ICH RICHTIG?

Variabel: Unabdingbar ist, variabel zu belohnen. Immer die gleiche Belohnung für die gleiche Leistung führt zur Gewöhnung. Die Folge: Der Hund stellt die Zusammenarbeit ein, da er immer öfter immer bessere Belohnungen für sich beansprucht. Um das Belohnungssystem zu aktivieren, muss man nicht immer mit der Top-Belohnung in Form von Käse oder Leberwurst winken. Meist reicht ein wohlwollender, aufmunternder Blickkontakt, ein kurzes Kopfnicken „braver Hund" oder ein sanftes Streicheln an der Flanke, um den „will to please" hervorzurufen - eine gute und vertrauensvolle Bindung zum Menschen ist hier Voraussetzung und Ziel zugleich.

Freudig: Belohnen heißt Emotionen hervorrufen. Denn Gefühle bewirken, dass der Hund Hormone ausschüttet. Emotionen werden im Wesentlichen im Mandelkern, der Amygdala verarbeitet. Als Teil des limbischen Systems ist er mit vielen anderen Strukturen des caniden Gehirns verbunden. Schüttet er Neurotransmitter aus, flutet er das Hirn und bringt das ganze Hormonsystem des Körpers in Schwung. Freude bewirkt, dass Dopamin ausgeschüttet wird. Angst hingegen setzt Cortisol frei. Und das blockiert die Ausschüttung anderer Botenstoffe. Der Hund hat eine Blockade. Dies ist auch der Grund dafür, warum ein ängstlicher oder gestresster Hund nichts lernen kann. Deshalb sollte man am Anfang der Ausbildung dort trailen, wo keine Stressoren sind.

HINTERGRUNDWISSEN: DIE „GROSSEN DREI"

Drei Neurotransmitter steuern im Wesentlichen die Motivation des Hundes.

1. Dopamin: Der Hund fühlt sich wohl. Dopamin sorgt für Konzentration und mentale Energie. Die Handlungsbereitschaft wächst, der Hund will etwas tun.

2. Opioide bzw. Endorphine: Sie wirken positiv auf die Stimmung, reduzieren Stress und Angst. Es macht dem Hund Spaß, etwas zu tun.

3. Oxytocin: Und Oxytocin ist das Bindungshormon schlechthin. Es wird immer dann ausgeschüttet, wenn die Bindung zum Partner wächst, indem viele gemeinsame positive Ereignisse erlebt werden. Das Stichwort hier: gemeinsam. Der Hund sollte die Möglichkeit haben, die Beziehung zum Menschen selbst mitzugestalten. Dazu bietet sich das Trailen an, da hier die Führungsrollen vertauscht werden. Der Hund erlebt Selbstwirksamkeit und das stärkt die Bindung.

LERNGRUNDSÄTZE:

- Je besser, desto nachhaltiger.
  Das Gehirn erinnert sich gerne an positive Ereignisse, negative Erlebnisse werden lieber verdrängt. Da sind sich Hund und Mensch vollkommen gleich. Unterm Strich ist das ein sinnvoller Schutzmechanismus, den die Natur sozialen Lebewesen geschenkt hat. Alle Ereignisse, die das Belohnungs- und Emotionssystem als bedeutsam bewertet haben, prägen sich besser ein, als andere. Das ist der Grund dafür, dass das Lernen durch positive Belohnung nachhaltiger ist, als Lernen durch die Anwendung aversiver Reize. Leider hat sich diese Tatsache noch nicht bei allen Hundehaltern herumgesprochen. Je stärker ein Verhalten an positive Ereignisse (hierzu zählen in erster Linie Belohnungen) geknüpft ist, desto besser behält es der Hund in Erinnerung und wird es in Folge öfter zeigen.

- Eine Hitliste macht Sinn. Gerade im Futter als Belohnung können verschiedene Gütearten eingebracht werden. Käse oder spezielle Hundeleberwurst stellen erfahrungsgemäß eine sehr hochwertige Futterbelohnung dar und sollten selten und bewusst eingesetzt werden. Ebenfalls beliebt: die Erlaubnis zum Freilauf oder, als besonders hochwertige Belohnung, ein interaktives Spiel zwischen Mensch und Hund. Letzteres stärkt zudem noch die Bindung. Der größte Fehler, den man machen kann, ist nicht zu loben.

Es gibt Hunde, die sehr aktiv und energiegeladen sind. Meistens ist das ein Zeichen für eine gesunde Verfassung des Hundes und Freude am Leben. Aber manchmal kann zu viel Energie zum Problem werden, indem der Hund übermäßige Reaktionen auf alltägliche Stimuli zeigt. Er gerät in einen Zustand hyperaktiver Aufregung. Wenn man solches Verhalten beim Hund erkennt, besteht die Gefahr, dass der Hund „überdreht". Worin unterscheidet sich dieses Verhalten von normalem Spielverhalten? Normalerweise hören die meisten Hunde nach einer Weile des Spiels auf. Längerfristige Hyperaktivität deutet jedoch darauf hin, dass der Hund es nicht spürt, wenn er müde wird oder ihn etwas zu anstrengend wird. Ein „Überdrehen" des Hundes ist keineswegs mit Ungehorsam zu verwechseln. Indikatoren sind: unruhiges Herumspringen oder Unterbrechen von Befehlen sowie unangemessen aggressives Bellen oder Jagen anderer Tiere.

WIE ABER BERUHIGT MAN EINEN ÜBERDREHTEN HUND?

Erstens sollte man selbst tief durchatmen und langsamer sprechen – auf diese Weise beruhigt man nicht nur sich selbst, sondern auch seinen Vierbeiner. In der eigenen Ruhe liegt die Kraft. Eine weitere Strategie besteht in der Aktivitätsbeschränkung, das heißt, man unterbricht die überdrehten Handlungen seines Hundes. Ausflüge in Ruhezonen und das Vermeiden hektischer Momente hilft ebenso wie eine feste Struktur im Tagesablauf. Techniken des Clickertrainings als positive Bestärkung im Umgang mit dem vierbeinigen Begleiter sind ebenso geeignet, um Stress abzubauen und gleichzeitig die Konzentrationsfähigkeit des Hundes zu stärken.

WAS WIR IN DIESEM KAPITEL GELERNT HABEN:

1. Der Hund lernt durch Verknüpfung.

2. Und durch Lob.

3. Angst führt zur Blockade.

4. Das Lob kann sein: Futter, Lob, Streicheln, Freilauf, Spiel...

5. Es wirkt aber nur dann, wenn der Mensch Sicherheit und Geborgenheit gibt. Ansonsten wird es zu Bestechung.

6. Damit Lob spannend bleibt, muss man variieren.

7. Der Hund soll in einen Dopamin- , aber nicht in einen Adrenalinrausch kommen.

8. Deshalb besteht die Kunst darin, den Hund in einen optimalen Spannungszustand zu bringen.

AdobeStock: stenkovlad

10. WIR LEBEN ALLE UNTER DEM GLEICHEN HIMMEL, ABER NICHT IN DER GLEICHEN WELT!

WARUM DER GERUCHSSINN EINEN ENTSCHEIDENDEN UNTERSCHIED MACHT.

Forscher des US-amerikanischen Unternehmens BioScentDx (USA) trainierten Beagles, den Unterschied zwischen normalen Blutproben und Blutproben von einem Patienten mit bösartigem Lungenkrebs zu unterscheiden. In 96,7 Prozent der Fälle waren die Hunde erfolgreich. Rieche ich an den Proben, finde ich keinen Unterschied. Für den Hund? Scheinen es Welten zu sein.

DER HUND IST ZWEIFELSFREI EIN NASENTIER.

Deswegen kann sein Geruchssinn als der wichtigste angesehen werden. Auch der Hundehalter wird vom Hund primär durch Geruch sowie durch das Aussehen identifiziert. Der Geruchssinn ist auch dem Geschmackssinn übergeordnet. Wenn einem Hund der Geruch nicht gefällt, wird er das Futter nicht annehmen. Im Vergleich zum Menschen ist der Geruchssinn des Hundes etwa eine Million Mal stärker ausgebildet. Die Anzahl der Gehirnzellen, die zur Entschlüsselung von Gerüchen dienen, ist beim Hund etwa 40 mal höher als beim Menschen. Verantwortlich dafür ist die höhere Oberfläche der Riechschleimhaut und der darin eingebetteten Riechzellen.

Als Beispiel: Ein Deutscher Schäferhund verfügt über 220 Millionen Riechzellen, ein Mensch über fünf Millionen. Allerdings kann ein gut trainierter Hund mit weniger Riechzellen immer noch besser trailen, als ein Hund mit mehr Riechzellen, der schlecht trainiert ist. Somit ist das Aufspüren einer Geruchsspur vor allem Frage guten Trainings.

EIN BLICK IN DIE HUNDENASE

Die Riechschleimhaut des Hundes liegt auf den knöchernen Nasenmuscheln auf, die die Nasenlöcher des Hundes nach innen hin verlängern. Die Nasenmuscheln haben eine unregelmäßige Struktur und sind durch Wände getrennt, zwischen denen die einströmende Luft eindringt und die Gerüche darin eingeschlossen werden. Auch das am hinteren Ende der Nasenhöhle liegende Siebbein, welches ebenfalls mit Riechzellen bestückt ist, dient der Geruchsaufnahme. Beim Kontakt mit den Riechzellen lösen die Gerüche chemische Veränderungen und damit einen Nervenimpuls aus, der über den Riechnerv an den Teil des Gehirns weitergeleitet wird, in dem die Geruchsinformationen verarbeitet werden. Die Fähigkeit zur Wahrnehmung von Gerüchen ist abhängig von ihrer chemischen Zusammensetzung, dem Luftfeuchtigkeitsgrad, der Atemluft, der Umgebung und dem Molekulargewicht der Gerüche. Wasserlösliche und schwere Moleküle werden leichter wahrgenommen als Moleküle, die nicht wasserlöslich sind. Um das Riechvermögen des Hundes zu verbessern, ist es daher wichtig, dass die Riechschleimhaut immer feucht gehalten wird. Das heißt, bei der Sucharbeit muss dem Hund regelmäßig Wasser angeboten werden und auch die Tageszeit bei der Sucharbeit spielt eine Rolle. In den frühen Morgenstunden oder in den Abendstunden ist es leichter für den Hund, einen Geruch zu verfolgen, als zum Beispiel in der Sommermittagshitze. Hier kann es sinnvoll sein, das Training oder auch eine echte Suche auf Tageszeiten zu verlegen, bei denen die Luftfeuchtigkeit per se höher ist. Die Menge an Wasser, die der Hund aufnehmen will, wird nicht beschränkt. Der Hund darf so viel trinken, wie er es selbst für notwendig erachtet.

WAS WIR IN DIESEM KAPITEL GELERNT HABEN:

1. Der Hund erfährt die Welt über die Nase. Wir Menschen nutzen dazu hauptsächlich unsere Augen.

2. Ein Mensch hat 5 Millionen Riechzellen, der Hund hat 220 Millionen. Er ist uns also weit überlegen.

3. Die Nasenschleimhaut des Hundes funktioniert nur, wenn sie feucht gehalten wird.

4. Er braucht Wasser während des Trailens und sucht erfolgreicher in den frühen Morgenstunden oder den späteren Abendstunden, wenn die Luftfeuchtigkeit höher ist.

11. UNSER HUND SOLL WOLLEN UND NICHT MÜSSEN!

SO EINFACH IST DAS MIT DER MOTIVATION.

Und doch so schwer! Ein Hund braucht Motivation, um Höchstleistungen zu bringen. Er braucht das korrekte Maß. Und die richtige, auf ihn abgestimmte Art der Motivation. Die wichtigste Regel vorab: Mit Zwang geht nichts. Ein Vierbeiner, der zu einer Übung „verurteilt" wird, wird diese absolvieren. Keine Frage. Aber wird er es gerne tun? Er wird sie nahezu „mechanisch" abspulen, als Pflichtprogramm. Nicht weniger und keinesfalls mehr. Hierzu ein Beispiel aus der antiquierten und tierschutzwidrigen Ausbildung von Jagdhunden.

WELCHE METHODE IST DIE BESSERE?

Im Bereich der Dummyarbeit gibt es (leider) immer noch Menschen, die ihrem Hund das Aufnehmen des Dummys bzw. der „Beute" auf einem sogenannten Apportiertisch beibringen wollen. Üblicherweise wird der Vierbeiner hierbei auf einem Tisch durch ein Gurtsystem fixiert. Dann wird an seinem Vorderlauf eine Schlinge angebracht. Durch langsames Zuziehen wird die Bewegungsfreiheit weiter eingeschränkt und der Hund erleidet Schmerzen mit zunehmender Intensität. Nimmt er den Dummy ins Maul, wird der Zug verringert, der Schmerz lässt nach. Der Hund lernt durch Meideverhalten, dass das Aufnehmen der Beute eine Schmerzverminderung bedeutet. Werden solche Trainingseinheiten seinen Bedürfnissen gerecht? Wird er lernen, freudig zu apportieren?

Ein anderes Beispiel: Der Hund wird grundsätzlich gelobt, egal ob verbal, taktil oder mit Futter, sobald er Gegenstände, insbesondere einen Dummy, ins Maul nimmt. Und immer dann, wenn er den Dummy zu mir bringt, bekommt er im Austausch das „ultimative Superleckerli". Als Mensch darf man sich immer mitfreuen, denn ge-

meinsame Freude ist doppelte Freude!

Zwei Methoden mit dem gleichen Ergebnis: Der Hund nimmt einen Dummy in den Fang. Welche Trainingsmethode aber wird ihn hierbei mehr motivieren? Welche bietet den besseren Grundstock für ein weiterführendes Training, die anschließende Suche nach der Ersatzbeute „Dummy“? Und bei welcher fühlen wir uns wohler? Nur krankhafte Sadisten fügen anderen Lebewesen ohne Not Schmerzen zu...

WARUM MOTIVATION IMMER EIN GEHEIMNIS IST

Leider gibt es für das richtige Maß an Motivation keine Skala von 1 bis 10, keine Tabelle, in der man ablesen kann, wann man seinen Hund wo, wie und wann zu motivieren hat. Hunde sind Lebewesen und jeder ist anders. Fingerspitzengefühl und individuelles Vorgehen sind hier gefragt. Deswegen braucht man das folgende Basiswissen.

OHNE GRUND, KEINE HANDLUNG

Arbeiten wir umsonst? Nein. So ähnlich ist es auch mit unserer Fellnase. Damit sie eine Handlung ausführt, braucht sie einen Grund, ein Motiv. Kaum ein Vierbeiner wird auf die Idee kommen, einen Agility-Parcours zu durchlaufen oder Freude an der Unterordnung im Obedience zu empfinden. Die Beweggründe, die ihn veranlassen, Leistungen für uns zu erbringen, lassen sich aus der „Bedürfnispyramide nach Maslow“ herleiten. Der US-amerikanische Psychologe Abraham Maslow hat verschiedene Motive als Antriebskraft für ein Verhalten gesehen. Dabei hat er insgesamt fünf aufsteigende Bedürfnisstufen definiert: existenzielle Grundbedürfnisse - Sicherheit - soziale Bedürfnisse - Soziale Anerkennung - Selbstverwirklichung.

Abraham Maslow stellte in seinem bekannten "Hierarchie-Modell der menschlichen Bedürfnisse" die grundlegenden psychologischen Grundbedürfnisse des Menschen in einer Pyramide dar. Dieses Modell ist auch heute noch von großer Bedeutung und kann auf viele Lebewesen übertragen werden, darunter auch auf Hunde.

Um die Bedürfnispyramide nach Maslow am Beispiel "Hund" zu erklären, beginnen wir mit der **Basis** der Pyramide.

In diesem Fall sind es die physiologischen Bedürfnisse eines Hundes, wie Nahrung, Wasser, Schlaf und Gesundheit. Sind einmal diese Anforderungen erfüllt, steigt ein Hund zur Sicherheitsebene der Pyramide auf. Hier geht es darum, Geborgenheit und Stabilität sowie Schutz und Fürsorge zu erreichen. Das gilt für alle Tiere - insbesondere aber für Hunde - als unentbehrlich.

Weiter oben in der Pyramide folgen soziale Bedürfnisse: Der Kontext ist hier Liebe und Anerkennung seitens einer Familie oder Freunde, aber auch Streicheleinheiten und Spielzeug als besondere Bestandteile des Zusammenlebens. Die meisten Haustiere – vor allem Hunde – brauchen ebenfalls andauernd Kontakt zu ihrem Besitzer bzw. ihrer „Rudel“ als Ausdruck von Anerkennung und Bindung.

Ganz oben in der Pyramide steht schließlich das selbstbestimmte Streben nach Meisterschaft und Autonomie: Ob Trainingseinheiten (im Falle des Hundes) oder anspruchsvolle Hobbys (im Falle des Menschen), in jedem Fall strebt man danach, etwas Neues zu lernen oder Erlerntes weiterzuentwickeln – schlichtweg um sich weiterzuentwickeln und neue Erfahrungswerte zu sammeln.

In Summe zeigt uns Abraham Maslows **"Hierarchie-Modell der menschlichen Bedürfnisse"** daher deutlich, welche Aspekte dem emotionalen Wohlbefinden eines Hundes im Allgemeinen zu Grunde liegen: Physiologische Grundbedürfnisse sollten stets befriedigt sein; Security-Bedürfnisse – sprich Familienanschluss und Bindung – müssen gepflegt werden; schließlich strebt man nach Selbstverwirklichung, also nach Zweckgebundener Autonomie durch Lernerfolge/Erkenntnisgewinn (etwa im Rahmen von Trainingsmaßnahmen).

DIE BEDÜRFNISPYRAMIDE

DER MOTIVATIONS-BAUKASTEN

Diese fünf Bedürfnisstufen bieten jedem Hundehalter einen wahren „Baukasten" an Motivationsverstärkern. Immer dann, wenn es dem Hundeführer gelingt, ein Bedürfnis des Hundes aus den vorgenannten Motivklassifikationen zu bedienen, wird er motiviert und freudig arbeiten. Auch hier wieder ein Beispiel:

EXISTENZIELLE GRUNDBEDÜRFNISSE: FUTTER!

Die Basis der Maslow´schen Bedürfnispyramide bildet die Klassifikation „Existenzielle Grundbedürfnisse". Hierzu zählt in erster Linie die Nahrungsaufnahme. Ohne Fressen (= Energie) ist kein Leben möglich. Genau deswegen funktioniert die Motivation mit Futter so gut. Die Aussicht auf einen kleinen Leckerbissen am Ende der Übung ist der ultimative Motivator schlechthin. Und für alle Gegner von Futterbelohnungen gilt: Von Luft und Liebe kann niemand leben. Bei der Belohnung mit Futter können wir zudem noch die unterschiedliche Wertigkeit der Futtergaben bei der Motivation berücksichtigen. In der Natur wird sich ein Canide immer dann, wenn es ihm möglich ist, bei einem erlegten Beutetier die besten Futterstücke sichern: In der Regel Muskelfleisch, da dies eiweißreich und somit energiereich ist. Bei der Belohnung mit Futter sollte man also variieren: Bei normalen oder durchschnittlichen Leistungen gibt es durchschnittliche Leckerli und bei Top-Leistungen wird dann mit Top-Leckerli, die in den Augen des Hundes eine hohe Wertigkeit besitzen, belohnt. Und manchmal darf es auch der „Jackpot" sein. Hier bekommt der Hund eine ziemlich große und maximal hochwertige Futterration als Belohnung.

UND WENN FUTTER NICHT WIRKT?

Ein weiteres Beispiel: Unser Hund soll zum ersten Mal über ein Hindernis, zum Beispiel einen Laufsteg oder Ähnliches gehen. Ihm ist die „Sache" nicht ganz geheuer, zeigt sogar leicht gestresstes Verhalten. In dieser Phase wird er kaum mit Leckerli zu motivieren sein. Abraham Maslow bietet jetzt in seiner Bedürfnispyramide die Klassifikationen „Sicherheit" und „Soziale Bedürfnisse" an. Wenn man bei der Aufgabe „Gehe über das Hindernis" die Bedürfnisse des Hundes nach „Sicherheit" und „Geborgenheit" erfüllen kann, wird er die Aufgabe meistern. Anfangs sicherlich noch zögerlich, später jedoch wird er immer souveräner werden.

Wie kann man seinem Hund aber beim Stillen dieser Bedürfnisse praktisch helfen? Ganz einfach: Man zieht ihm ein gut sitzendes Brustgeschirr an, greift mit der dem

Hund zugewandten Hand ans Brustgeschirr und führt dann den Hund in inniger Zweisamkeit über das Hindernis. Durch den engen körperlichen Kontakt und die Unterstützung beim Gehen durch das Führen mit dem Brustgeschirr schafft man es, ihm ein Gefühl der Sicherheit und Geborgenheit zu geben. Genau diese Sicherheit und Geborgenheit ist es, die den Hund dazu motiviert, das Hindernis zu bewältigen. Ohne dieses Zutun des Hundeführers, hätte der Hund überhaupt keine Veranlassung gesehen, das Hindernis zu überqueren. Im gegenseitigen Vertrauen hingegen, meistert ihr jedes Hindernis und jede Schwierigkeit.

Der beste Ratschlag aber ist: Bleibe selbst unaufgeregt und souverän. Je selbstsicherer man sich als Hundehalter in dieser Situation für den Hund darstellt, umso selbstverständlicher wird er sich jeder neuen Herausforderung stellen.

Andere Situation, ähnliche Übung: Der Hund soll über ein Gitterrost gehen. Gitterroste sind für Hunde äußerst unangenehm: Zum einen können sie hindurchschauen und zum anderen drücken die Metallgitter empfindlich in die Pfotenballen. Ein Leckerli, und sei es noch so hochwertig, auf das Gitterrost geworfen, wird nur absolut verfressene Spezies veranlassen, über das Rost zu gehen. Begleiten wir den Hund jedoch, indem wir ihm wieder, wie oben beschrieben, Geborgenheit und Sicherheit vermitteln, so wird er auch diese Herausforderung gemeinsam mit uns meistern. Und alle Übungen, die Mensch und Hund gemeinsam erfolgreich meistern, erhöhen die Bindung und das Vertrauen untereinander. Ganz nebenbei wird durch Ausschüttung des Hormons Oxytocin die Bindung zum Menschen gestärkt, was wiederum die Handlungsbereitschaft des Hundes, Aufgaben für „seinen" Menschen zu erledigen, erhöht. Ein durchweg positiver Kreislauf beginnt. Da Gitterroste - unabhängig davon, dass der Hund durchschauen kann (was zur Verunsicherung beiträgt), auch an den Pfotenballen schmerzen können, kann es am Anfang Sinn machen, dem Vierbeiner ein paar Booties (Hundeschuhe) anzuziehen. Somit ist zumindest ein Negativfaktor ausgeschlossen.

WIE KANN ICH MEINEN HUND ZUM LERNEN MOTIVIEREN?

1. WIR BEENDEN DAS TRAINING IMMER MIT EINEM ERFOLG

Jeder Hund macht Fehler. Das ist nicht schlimm, wenn die zeitlich zuletzt durchgeführte Übung erfolgreich absolviert und belohnt wurde. Man spricht hier von der „zeitlichen Hierarchie handlungsauslösender Faktoren“. Erlebt der Vierbeiner zum Beispiel eine Reihe an Misserfolgen, reagiert er wie ein Kind. Er verliert die Lust und ist frustriert. Und ratlos. Dieses Gefühl können wir überschreiben. Denn: Kommt es unmittelbar danach bei der gleichen Übung zu einem Erfolgserlebnis, so überwiegt dieses abschließende positive Erlebnis. Und schafft Motivation für die Zukunft. Deswegen soll jedes Training immer mit einem positiven Ergebnis (immer aus Hundesicht betrachtet) abgeschlossen werden.

Notfalls geht man in der Ausbildung eine Stufe zurück und beendet das Training mit einer Übung, die der Hund schon beherrscht und kann so das Training erfolgreich beenden.

2. WIR HÖREN AUF, WENN ES AM SCHÖNSTEN IST

Hunde sind ausgezeichnete Athleten. Und in der Regel machen sie alles mit, was der Mensch ihnen anbietet. Aber auch ein Hund kann in ein Burnout geraten. Überfordert, ausgepowert und erschöpft – eine dauerhafte Überforderung macht jeden krank. Dieser Zustand emotionaler Erschöpfung startet oft mit einem hochmotivierten Mensch-Hund-Team, das vor Begeisterung geradezu brennt. Es sind nämlich immer die richtig Guten, die man vor sich selbst schützen muss. Kein träger Hund wird unter Burnout leiden – ein blitzgescheiter, hochintelligenter Leistungsträger jedoch schon. Zu oft geht er über seine Grenzen, erlebt zu viel Stress. Und in Folge reduziert sich die Leistungsfähigkeit.

Pausen retten die Motivation des Vierbeiners zum nächsten Training, Wettkampf oder Einsatz - und die eigene Motivation übrigens auch.

Erschöpfung und Burnout beim Hund sind häufige Probleme, die beinahe alle Hundehalter kennen. Nicht selten sind die Anzeichen der Erschöpfung nicht offensichtlich, was es schwierig machen kann, den Zustand frühzeitig zu erkennen und entsprechende Maßnahmen zu ergreifen. Damit wir unserem Vierbeiner so gut wie möglich helfen können, sind hier einige Hinweise zusammengestellt, anhand derer man eine Erschöpfung beim Hund identifizieren kann.

Anhand seines Verhaltens bzw. der Reaktion auf bestimmte Aktivitäten lässt sich meist recht einfach feststellen, ob ein Hund erschöpft ist. Erstens hat ein müder Hund normalerweise weniger Energie als sonst und zeigt kein Interesse an besonderen Aktionen oder Spielen. Stattdessen zeigt er oft Unlust und mangelnde Motivation für Tätigkeiten und Routinen, die ihm früher Freude bereitet haben. Wenn der Hund also deutlich weniger Zeit mit seinem Menschen verbringt als gewohnt, un-

terstreicht dies bereits, dass seine Kraftschwelle schwindet.

Zweitens hat Erschöpfung auch körperliche Auswirkungen: Der Körper des Tieres wird immer schlaffer, je mehr Müdigkeit sich breitmacht. Folglich fangen viele Tiere an zu „schlurfen“ oder die Ohren sinken herab – ein starker Hinweis darauf, dass die körperliche Müdigkeit auch von innerer Erschöpfung begleitet wird. Atmung und Herzschlag werden schneller - ebenfalls Indikatoren für Erschöpfung. Mithilfe dieser Anzeichen kann man leicht den Kraftlevel des Tieres abschätzen und dementsprechend handeln.

3. AB UND AN IN DIE KOMFORTZONE EINTAUCHEN

Die wichtigste Regel sowohl zur Aufrechterhaltung als auch zur Steigerung der Motivation beim Hund lautet: Zwei Schritte vor und ein Schritt zurück! Leider neigen wir Menschen aus rein egoistischen Gründen dazu, von einem leistungsstarken Hund immer mehr zu verlangen. Weil es gerade so gut war, wird die Anforderung noch mal erhöht. Nach jedem Turnier, nach jedem Einsatz wird die Leistungserwartung an den Vierbeiner insgeheim weiter nach oben geschraubt. Grundsätzlich ist das auch in Ordnung. Dabei kann es geschehen, dass der Spaßfaktor für den Hund oftmals im gleichen Maße abnimmt, in dem die Anforderungen erhöht werden. Viele Halter steigern die Anforderungen im Training linear. Es soll also jedes Mal besser und schwerer werden. Dies ist jedoch absolut falsch, meiner Erfahrung nach! Deutlich erfolgreicher ist es, immer wieder Trainingseinheiten einzubauen, in denen der Hund überhaupt nicht gefordert wird, bei denen er einfach nur Spaß haben darf. Auch hierzu wieder ein Beispiel - diesmal aus dem Bereich „Mantrailing“ (Personensuche):

Ein Personensuchhund, der regelmäßig zu Einsätzen herangezogen wird, hat enorm hohe Anforderungen zu erfüllen. Er muss ständig „einsatzfähig“ gehalten werden, das ganze Umfeld bei einem Sucheinsatz verbreitet Stress bei Hund und Hundeführer und nicht jede Suche ist aus Hundesicht letztlich auch erfolgreich. Dies alles kann demotivierend wirken, die Handlungsbereitschaft, Arbeitsqualität und Zuverlässigkeit des Hundes sinken. Bei Hund und Mensch breitet sich Frustration aus, ein Teufelskreis droht zu entstehen. In diesem Fall soll beim Training bewusst einfaches Suchen (Trails) geübt werden. Trails, an deren Ende unwahrscheinlich freudig gelobt wird. Sicher stellen solche einfachen Trails für den Hund keine Herausforderung mehr dar. Aber dadurch, dass der Spaßfaktor wieder in den Vordergrund gerückt wird, wird die Motivation auch für den

Echteinsatz wieder erhöht. Der emotionale „Akku“ des Hundes wird quasi wieder aufgeladen. Und manchmal muss man halt wieder im Training einen Schritt zurück machen. Jeder Schritt zurück bedeutet aber auch gleichzeitig einen Schritt mehr Anlauf für größere Sprünge...

4. DIE RAHMENBEDINGUNGEN MÜSSEN STIMMEN

Es gibt es eine Reihe von konkurrierenden Motivationssystemen, die die praktische Arbeit erschweren. Die wesentlichsten sind:

- Hunger und Durst: Voller Bauch trainiert nicht gern. Genauso verhält es sich mit leerem. Ich halte es so, dass ich meinem Hund vor dem Training oder dem Wettkampf die Hälfte der normalen Portion verfüttere. Die zweite Hälfte nutze ich später als Belohnung und somit als "Motivationsverstärker".

- Sich lösen müssen: Kein Mensch kann sich konzentrieren, wenn Darm oder Blase drücken. Warum sollte es der Hund können? Ein ruhiger 15 bis 20-minütiger Spaziergang vor dem Training bringt Abhilfe.

- Sexuelle Erregung: Zurecht sind läufige Hündinnen von manchen Wettkämpfen ausgeschlossen. Das Problem ist selbsterklärend. Mit guter Organisation und Rücksichtnahme kann man auch mit der läufigen Hündin trainieren. Sie läuft immer als Letztes, wenn alle anwesenden Rüden ihren "Job" bereits erledigt haben. Im realen Leben ist es oft so, dass jederzeit eine läufige Hündin den Weg kreuzen kann. Mit diesem Problem muss man gegebenenfalls umgehen lernen.

- Hunde brauchen regelmäßig geistige und körperliche Auslastung. Hat der Hund das nicht, sucht er sich Ersatzbeschäftigungen, die jedes vernünftige Training zunichte machen. Die Art, Häufigkeit und Intensität des Trainings müssen daher zwingend auf den Charakter deines Hundes und dessen Fähigkeiten abgestimmt sein.

WAS WIR IN DIESEM KAPITEL GELERNT HABEN

1. Das Maß der richtigen Motivation zu finden ist die Kunst des erfolgreichen Trainings.

2. Hier zählen Erfahrung und Einfühlungsvermögen.

3. Außerdem spielt die Wahl der verwendeten Motivationshilfen eine große Rolle.

4. Die ist bei jedem Hund einzeln auszuloten.

5. Besonders begabte Hunde müssen vor einer Überlastung geschützt werden. Man hört immer auf, wenn es am schönsten ist.

12. DIE HÄUFIGSTEN FEHLER...

DAS SOLLTE MAN VERMEIDEN.

Ein Hund lebt von Ritualen. Sie geben ihm Sicherheit und schaffen Vertrauen zwischen Mensch und Hund. Ich empfehle deshalb, beim Trailen immer auf ein klares Startritual oder Trainingsritual zu achten. Die Fehler beim Trailen macht immer der Mensch. Hier ist eine Auflistung für Verbesserungspotenzial:

1. Das Geschirr wird zu früh angezogen. Und die Wartezeit bis zum tatsächlichen Start ist zu lang. Ich lege mir Geschirr und Leine parat, bevor ich mit dem Startritual beginne.

2. Der Geruchsartikel wird mit Zwang präsentiert. Der Hund soll immer aktiv auf den Geruch zugehen. Ein Überziehen der Tüte, in der sich der Geruchsartikel befindet, über die Nase des Hundes ist nicht erforderlich und kontraproduktiv. Der Vierbeiner soll jede Phase des Trailens positiv erleben. Das Überziehen der kompletten Tüte löst häufig ein Meideverhalten aus. In einem solchen Fall mache ich den Geruch lieber spannend und interessant für den Hund, bis er aktiv auf den Geruch zugeht.

3. Es herrscht keine Ruhe am Start. Dann ist die Ablenkung für manchen Hund einfach zu groß. Der Mensch muss für Ruhe sorgen oder man wartet ab, bis Ruhe einkehrt. Das ist mitunter nicht

so einfach. Oft finden sich Geräuschkulissen durch Sirenen, Martinshorn oder andere Fahrzeuge (Feuerwehren, Räumfahrzeuge, etc.). Hier hilft nur, selbst Ruhe zu bewahren. Im Zweifel zieht man seinem Hund einen Gehörschutz über (zum Beispiel einen Schal) - die Kommunikation mit dem Hund funktioniert bei einem gut eingespielten Mensch-Hund-Team ohnehin auch nonverbal.

4. Der Start ist nicht klar ritualisiert. Ich halte mir immer das Startritual vor Augen: Geschirr und Leine anlegen - Geruch präsentieren - Anriechen - Geruch wegpacken - Startsignal.

5. Der Hund ist übermotiviert, hat einen Triebstau oder Stress. In einem solchen Fall empfehle ich, vorab eine Runde Gassi zu gehen. Da kann er sich lösen und die Bewegung baut Stress und Spannungen ab.

6. Man arbeitet immer mit den gleichen Geruchsartikeln (zum Beispiel Taschentücher). Ich variiere die Geruchsartikel: eine Socke, ein Stein, den die Versteckperson in der Hand hatte, ein paar Haare aus einer Haarbürste, der Griff der Autotür. Die Möglichkeiten sind schier unbegrenzt.

7. Der Geruchsartikel ist mit Verleitgerüchen kontaminiert. Zum Beispiel durch andere Personen oder dadurch, dass der Geruchsartikel auf den Boden gelegt wird. Kein Geruch ist „sortenrein“. Nur Märchenerzähler glauben das. Aber er kann möglichst rein sein und dafür sollte man sorgen.

8. Der Ansatz erfolgt immer direkt auf der Spur. Besser ist es, zu variieren: Ich setze meinen Hund auch mal entgegen der Abgangsrichtung an oder ein paar Meter versetzt zur Spur.

9. Der Ansatz des Vierbeiners verläuft immer in Trailverlaufsrichtung. Er rechnet dann damit, dass dies immer so ist. Deshalb setze ich gezielt meinen Hund auch mal entgegen der Abgangsrichtung oder um 90 Grad versetzt an.

10. Der Hund wird unter viel Ablenkung angesetzt. Ich warte, bis Ruhe einkehrt. Fährt ein Auto vorbei, oder Spaziergänger kreuzen den Weg? Einfach warten.

11. Es wird zu viel beim Start geredet. Dann findet eine verbale Beeinflussung beim Start und auch während des Trails statt. Hier sollte man gerne - bestimmt, aber höflich - um Ruhe bitten.

12. Das Suchkommando wird ständig wiederholt. Wichtig ist das Gegenteil: Das Signalwort zur Suche wird nur zu Beginn des Trails benutzt. Der Hund weiß, was zu tun ist. Es nervt, wenn wir ihn immer wieder daran erinnern.

13. Es erfolgen Korrekturen über die Leine – bis hin zum Leinenruck. Hier sei angemerkt, dass die Leine beim Trailen kein Korrekturmittel ist, sondern ein Kommunikationsmittel zwischen Mensch und Hund. Das Ziel ist, dass wir allein durch die Leinenspannung

erkennen, ob sich der Hund noch auf dem Trail befindet oder nicht. Ist man sich nicht sicher, ob der Hund noch auf dem Trail ist, so bleibt man kurz stehen und erzeugt so eine „künstliche“ Verunsicherung beim Hund. Besteht dieser auf die von ihm gezeigte Richtung, so ist die Wahrscheinlichkeit groß, dass der Hund noch auf dem Trail ist.

14. Wenn der Hund nicht weiterkommt, wird er in eine Richtung gedrückt. Dies führt zu einer Überforderungssituation. Jede Beeinflussung durch unbewusste Körpersprache ist zu vermeiden.

15. Der Hundeführer gibt unbewusste Körperhilfen. Ein Drehen der Schulter, des Kopfes, stehen bleiben oder verbale Beeinflussung können den Hund irritieren. Selbstdisziplin ist unabdingbar. Deshalb sollte man sich von anderen Hundeführern auf dem Trail beobachten und in seiner Körpersprache von diesen spiegeln lassen. Feedback ist manchmal unbequem, aber hilfreich.

16. Der Hundeführer marschiert in Spurrichtung weiter, während der Hund noch den Trail ausarbeitet. Kommt es hier zusätzlich zu einer Verringerung der Leinenspannung, führt dies zu einer zusätzlichen Verunsicherung deines Hundes.

17. Abgänge und Winkel werden gehäuft an Kreuzungen angelegt. Dann gewinnt der Hund die Überzeugung, dass es an Kreuzungen immer eine Abzweigung gibt. Ich achte beim Legen des Trails darauf, dass der Trailverlauf auch mal gerade über eine Kreuzung oder Abzweigung verläuft.

18. Besonders am Anfang der Ausbildung sollten sich alte und frische Spuren nicht überschneiden. Ich baue so etwas erst später als zusätzliche Schwierigkeit in den Trailverlauf ein.

19. Im späteren Verlauf sollten dagegen gezielt Verleitpersonen auf dem Trail eingebunden werden. Ich nutze dazu gerne natürliche Verleitungen, wie zum Beispiel Spaziergänger oder Jogger, die ohnehin den Weg kreuzen.

20. Der Hund bekommt immer die gleiche und ihm bekannte Versteckperson zur Suche präsentiert? Ein Fehler. Ein Mantrailer wird nicht umhinkommen, seinen Bekanntenkreis zu erhöhen, damit er immer genügend Versteckpersonen zur Verfügung hat.

21. Zusätzliche Schwierigkeiten werden nicht nach und nach, sondern gleichzeitig eingebaut. Ich baue bei jedem Training nur jeweils eine Schwierigkeit zusätzlich ein. Alles andere würde den Hund - gerade am Anfang der Ausbildung - überfordern.

22. Wichtig: Zu oft werden wenig oder keine Negativs im Training berücksichtigt. Der Hund soll aber auch lernen, anzuzeigen, dass zum präsentierten Geruch keine Geruchsspur vorhanden ist. Er wird das in der Regel durch einen fragenden Blick anzeigen. Dieses Verhalten muss man dann auf jeden Fall belohnen und danach einen erfolgreichen Trail legen, damit der Hund noch ein Erfolgserlebnis hat und nicht frustriert das Training beenden muss.

23. Die Trails werden immer auf die gleiche Art markiert. Wer mit Markierungen arbeiten will, muss diese variieren. Der Vorteil von Markierungen ist, dass sie es erleichtern, den Hund „lesen" zu lernen. Sie bergen auch die Gefahr, dass der Hund die Markierungen ebenfalls lesen lernt und diese nutzt, um den Trail zu laufen. Und es besteht die Möglichkeit, den Hund durch die unbewusste Körpersprache zu beeinflussen.

24. Befindet sich die Versteckperson hinter einer verschlossenen Tür, wird oft nicht gewartet, bis der Hund das Spurende sicher anzeigt. Das führt dazu, dass der Hund die Spur nicht ganz bis zum Schluss selbständig ausarbeitet. Dies erzeugt Frustration. Ich trainiere gezielt die Anzeige an einer Tür.

25. Die Versteckperson reagiert, bevor der Hund sie angezeigt hat. Der Hund lernt hier, auf vermeintliche Gesten der gefundenen Personen mit dem Anzeigeverhalten zu reagieren. Daher sollte die Bestätigung als Erstes vom Hundeführer erfolgen und erst danach von der Versteckperson. Es gibt ja mitunter auch unbeteiligte Passanten, die

sich über eine Hundebegegnung freuen und den Hund ansprechen. Diese Passanten soll der Hund jedoch ignorieren. Würde die Versteckperson also als Erstes den Hund freudig loben, wird der Hund irgendwann nur darauf warten, auf diese Art und Weise bestätigt zu werden - egal, wer sich auf dem Trail befindet.

26. Es gibt immer die gleichen Auffindesituationen. Das führt dazu, dass der Hund sich bestimmte Bilder einprägt. Deswegen platziere ich die Versteckperson mal sitzend, mal stehend oder mal in Bewegung befindlich. Auch Hoch- oder Tiefverstecke sind spannend für den Hund: Vielleicht findet man jemanden, der mal auf einen Baum klettert oder sich unter einer Brücke versteckt.

27. Die Versteckperson steht meist alleine am Ziel und ist für den Hund bereits von weitem sichtbar. Ich platziere die Versteckperson von Zeit zu Zeit in einer Menschengruppe, in einem Straßencafé, einem Baumarkt, und so weiter. Das ist auch eine gute Übung zur Geruchsdifferenzierung am Ziel.

28. Die Versteckperson hat Leckerchen dabei und der Hund sucht lediglich nach den Leckerli, aber nicht nach der vermissten Person. Hier hilft nur eines: Die Belohnung habe immer nur ich und mein Hund bekommt diese ausnahmslos von mir.

WAS WIR IN DIESEM KAPITEL GELERNT HABEN:

- Die häufigsten Fehlerquellen beim Trailen.
- Diese Liste kann durchaus noch ausgeweitet werden.
- Letztlich ist es aber nicht schlimm, Fehler beim Trailen zu machen, solange diese erkannt und korrigiert werden.
- Fehler machen schlau!

13. SPIEL UND SPASS MIT ERNSTEM HINTERGRUND:

DER EINSATZTEST

Damit das Training nicht langweilig wird, arbeite ich mit der Simulation von Echt-Einsätzen. Hier ist meine Idee, die sich mit unendlich vielen Variationen anwandeln lässt.

DER EINSATZTEST.

Beim Einsatztest wird eine realistische Situation in der Vermisstensuche nachgestellt, z.B. eine verloren gegangene Person gemeinschaftlich zu suchen. Es gibt einen Spielleiter, der immer wieder neue Informationen einfließen lässt, um die Spannung hochzuhalten.

EIN BEISPIEL:

Vermisst wird eine 73-jährige Frau, die an einer Alzheimer Demenz erkrankt ist. Es ist bekannt, dass sie gerne einen bestimmten Ort aufsucht. Darüber hinaus leidet sie an einem insulinpflichtigen Diabetes mellitus Typ II. Die Dame ist gut zu Fuß und hat unbemerkt das Grundstück einer Tagespflegestätte verlassen. Die Pflegeeinrichtung liegt am Stadtrand und grenzt an einer Seite an ein größeres Waldgebiet mit einem weit verzweigtem Wegenetz, das forstwirtschaftlich genutzt wird. Das Verschwinden der Frau ist erst aufgefallen, als sie nicht zum Abendessen erschien. Zuletzt wurde sie von einem weiteren Gast der Tagespflegeeinrichtung mittags am Hintereingang der Einrichtung gesehen.

Das Finden der vermissten Person wäre die Aufgabe, die gemeinschaftlich zu lösen ist - ähnlich einer Schnitzeljagd, bei der auch immer wieder Hinweise - richtige oder unrichtige - auftauchen können.

Wer macht den Einsatzleiter, der die Suchteams koordiniert? Wer überwacht den Funk- oder die Handykommunikation unter den Teams? Wer holt nähere Informationen über die Vermisste ein, die für die Suche und spätere Identifikation wichtig

sind? Das kann sein: Name, Größe, Gewicht, Alter, Art und Farbe der Kleidung, Lieblingsplätze oder weitere Details, die dazu helfen, sie zu finden. Welche Suchstrategie wird angewandt? Wegesuche, Flächensuche, Einsatz von Personenspürhunden (Mantrailer)? Welche Erste-Hilfe-Maßnahmen sind wahrscheinlich beim Auffinden erforderlich? Wer kann das leisten? Wie stelle ich meine Suchteams zusammen?

All diese Fragen gilt es zu klären, bevor die Suche startet. Der Spielleiter kann immer wieder neue Informationen einstreuen, wie zum Beispiel: "Es gibt Spaziergänger, die hätten die Vermisste an einem bestimmten Ort gesehen." Diese Information kann richtig oder falsch sein. Möglicherweise entscheidet der Einsatzleiter daraufhin, ein Suchteam an diese Stelle zu schicken, um die Zeugenaussage mit einem "Positiv" oder "Negativ" zu verifizieren oder zu falsifizieren.

Solche fiktiven Szenarien sind beliebig erweiterbar und gestaltbar - je nachdem, wie viele und welche Teams man zur Verfügung hat. So kann jeder auf seine Kosten kommen. Unterm Strich geht es immer um eines: Gemeinschaftlich zum Erfolg zu gelangen. Und wer Tipps und Hinweise für potenzielle Fälle braucht: Die Polizeiberichte über Vermisstenfälle sind voller Ideen und schaffen den Bezug zur Realität. Allein das "Hineinfühlen" in ein realistisches Szenario ist für die teilnehmenden Teams unwahrscheinlich spannend.

Für derartige Einsatztests ist es im Übrigen vollkommen gleich, ob man die Rettungshundearbeit im sportlichen Bereich angesetzt hat oder für den realen Einsatz trainiert. Der Spaß, Situationen nachzustellen, Aufgaben gemeinsam zu lösen und gegenseitig Aufgaben zuzuweisen und zu übernehmen, stärkt die Teambildung. Nicht nur zwischen Mensch und Hund, sondern vor allem auch innerhalb der durchführenden Organisation - egal, ob es sich um einen Verein, eine Hundeschule oder eine private Gruppe handelt. Darüber hinaus werden solche Einsatzübungen auch wohlwollend von Zuschauern wahrgenommen - ein Umstand, der hilft, das Ansehen der Hundehalter in der Öffentlichkeit zu stärken. Und wer ist nicht schon gerne gesehen?

FAZIT:

Mitmachen kann jeder. Für die Rettungshundearbeit ist grundsätzlich jede Hunderasse ab einer gewissen Größe geeignet. Neben einer hohen Arbeits- und Leistungsbereitschaft sollte der Hund über ein freundliches Wesen verfügen. Letzteres gilt auch für den Menschen ...

ZIEL RETTUNGSHUNDESTAFFEL?

Dieses Spiel bereitet darauf vor. Hundeführer, die ihren Hund nicht nur im Rettungshundesport führen wollen, sondern auch in einer Rettungshundestaffel aktiv sind, brauchen das Interesse und die Bereitschaft, im Rettungsdienst und Katastrophenschutz mitzuarbeiten. Neben einer Erste-Hilfe-Ausbildung an Mensch und Hund müssen sich Rettungshundeführer auch weitere Kenntnisse aneignen, wie zum Beispiel Geländeorientierung, Einsatztaktik, Funk, Schadensbeurteilung und Einsatzmanagement. Auch die psychische und physische Belastung bei einem Einsatz ist nicht zu unterschätzen. Am Anfang einer jeden Ausbildung steht daher immer eine entsprechende Tauglichkeitsprüfung der jeweiligen Mensch-Hunde-Teams. Diese variieren von Organisation zu Organisation und von Sparte zu Sparte.

14. LETZTE FRAGEN ...

WAS IST DER UNTERSCHIED ZWISCHEN MANTRAILING, FLÄCHENSUCHE, TRÜMMERSUCHE UND ANDEREN DISZIPLINEN IN DER PROFESSIONELLEN PERSONENSUCHE?

Fangen wir erst mit den Gemeinsamkeiten an: Allen Suchdisziplinen in der Personensuche ist das zunutze machen des Beutetriebes des Hundes gemein. Der Hund wird auf einen spezifischen Geruch konditioniert - er verknüpft den Geruch des Suchobjektes im Verlaufe des Trainings mit Futterbelohnung oder gegebenenfalls mit einem Spiel.

Beim Mantrailing folgt der Hund dem Individualgeruch der vermissten Person. Jeder Mensch hat sein eigenes Geruchsbild, welches ebenso einzigartig ist wie dessen Fingerabdruck. Der Individualgeruch besteht im Wesentlichen aus einer Mischung aus Hautschuppen (sog. Rafts), Hautbakterien und deren Abbauprodukten sowie aus Schweiß und darin eingeschlossenen Mineralien. Die Summe dieser Stoffe werden als Geruchspartikel bezeichnet. Der Mensch verliert in der Minute etwa 40.000 davon, die sich unter Einfluss von verschiedensten Umweltbedingungen (Wind, Regen, Luftdruck, Temperatur, etc.) mehr oder weniger nah am tatsächlichen Spurverlauf niederlegen. Der Hund folgt genau diesem Individualgeruch, nachdem er ihn als Referenzduftstoff auf einem Geruchsträger präsentiert bekommen hat. Aufgrund seiner enormen Nasenleistung besitzt er die Fähigkeit, diesen einen Geruch von unzählig anderen menschlichen oder sonstigen organischen oder anorganischen Gerüchen zu differenzieren. Der Untergrund und die Bodenbeschaffenheit spielen keine Rolle.

Bei der Flächensuche sucht der Hund ebenfalls menschlichen Geruch. Dieser wird aber nicht spezifiziert. Das heißt, der Vierbeiner zeigt in einem vorher definierten Suchgebiet jeden Menschen an, den er aufspürt. Dies führt im Einzelfall zu Fehlanzeigen, weil er zum Beispiel auf einen Wanderer trifft. Während der Personenspürhund im Bereich Mantrailing an einer längeren Leine geführt wird, sucht der Flächensuchhund frei und wird durch Hand- und Sichtzeichen dirigiert. Das Suchgebiet wird üblicherweise in kleinere Parzellen geteilt, die dann strukturiert abgesucht werden. Die Anzeige erfolgt beim Auffinden entweder durch Verbellen oder durch Rückverweisen.

Die Suche nach Verschütteten (Trümmer- und Lawinensuche) erfolgt nach dem gleichen Prinzip wie die Flächensuche. Wobei hier ein Höchstmaß an Koordinationsfähigkeit und Kondition des Hundes erforderlich ist. Der Hund muss hierbei auch noch die Stabilität der Suchuntergründe selbstständig beurteilen und einschätzen können. Er muss sich also sicher auf unterschiedlichen Untergründen bewegen, sein Gleichgewicht halten und die Trittsicherheit beurteilen können.

Zur natürlichen Verhaltensweise des Hundes gehört es, dass diese vor menschlichem Leichengeruch zurückschrecken (sog. Proximity-Effekt). Leichenspürhunde werden daher meist nach dem Beutereizprinzip an den typischen Geruch herangeführt. Leichengeruch ist im Kern nichts anderes als ausgasende Methan- und Ammoniakverbindungen unterschiedlicher Konzentration. Der Hund lernt im Training, dass dieser spezielle Geruch für ihn Futter und/oder Spiel bedeutet. Dadurch wird die Motivation zum Finden wollen geschaffen. Leichenspürhunde können sowohl frei als auch angeleint bei der Feinsuche zum Einsatz kommen. Leichenspürhunde werden auch für die Suche auf dem Wasser trainiert - für die Suche nach Ertrunkenen.

Der „typische“ Rettungshund soll übrigens Leichengeruch ignorieren. Denn Vorrang hat natürlich zunächst die Suche nach Überlebenden. Und dennoch ist die Suche nach Verstorbenen unverzichtbar.

FÜR WAS KANN MAN SUCHHUNDE ALLES EINSETZEN?

Wer kennt sie nicht: Die tragischen Bilder eingestürzter Häuser, Trümmerfelder soweit das Auge reicht. Katastrophen, entstanden als Folge von Erdbeben, aufgrund von Explosionen oder nach Abbrucharbeiten. Nachrichten und Newsmagazine transportieren diese Bilder weltweit in die Wohnzimmer der Menschen. Irgendwo ist auch immer ein Rettungshundeteam zu sehen - Höchstleistung für Mensch und Tier, überall auf der Welt bis zu den entlegensten Gegenden der Erde. Diese Bilder bleiben im Gedächtnis und dennoch bilden derartige Sucheinsätze gerade mal zwei Prozent aller Einsätze im Rettungshundewesen ab. Viel häufiger ist die Suche nach vermissten Bewohnern von Pflegeheimen, dementen Menschen, Pilzesammlern, Kindern oder Wanderern, die sich verlaufen haben. Und die Suche nach suizidalen Menschen natürlich. Suchhunde als Rettungshunde kennt also jeder. Auch Wassersuchhunde sind noch recht bekannt. Sie fahren im Boot übers Wasser und zeigen die aufsteigenden Gase Ertrunkener an. Keine Technik der Welt ist zuverlässiger als die Nase eines Hundes.

Personenspürhunde der Polizei helfen, Straftäter aufzuspüren und potenzielle Beweismittel zu sichern. Leichenspürhunde finden wenige Moleküle von Blut und Sperma und tragen so dazu bei, Verbrechen aufzuklären. Aber auch im zivilen Bereich kommen sie zum Einsatz, zum Beispiel, wenn das Überleben eines vermissten Menschen als unwahrscheinlich gilt und Rettungshunde an ihre Grenzen gelangen, weil diese - aus gutem Grund - nur auf lebende Menschen konditioniert sind.

Insbesondere Polizei und Zoll nutzen das Riechvermögen der Hunde, um Drogen aller Art aufzuspüren. Oder um nach Sprengstoff zu suchen. Auf internationalen Flughäfen sind regelmäßig Hunde im Einsatz, die nach illegal eingeführten bedrohten Tierarten oder Tierbestandteilen (wie zum Beispiel Elfenbein) schnüffeln. Aber auch Banknoten können Hunde anzeigen und dabei sogar verschiedene Währungen unterscheiden. Die Bandbreite zum Einsatz von Suchhunden für Behörden ist nahezu unendlich.

Im zivilen Bereich suchen Hunde im Auftrag von Schädlingsbekämpfern nach Schimmelpilzbefall in Gebäuden oder nach Bettwanzen in Hotelzimmern. Forstverwaltungen setzen Hunde ein, um Schädlinge im Wald zu lokalisieren, um diese dann gezielt bekämpfen zu können. Und die berühmten Trüffelsuchhunde südlich der Alpen sichern ihren Besitzern ein üppiges Einkommen. Aber auch hierzulande gibt es schon Hunde, die aus Spaß an der Freude erfolgreich nach Steinpilzen und Wiesenchampignons suchen. Letztlich kann man seinen Hund auf alle möglichen Gerüche konditionieren. Sogar auf das Erkennen und Warnen vor Krankheiten und deren Symptome. So gibt es Hunde, die Krebszellen anzeigen können oder die epileptische Anfälle oder Hypoglykämien erschnüffeln können.

So professionell muss aber nicht jeder Hund sein: Für manche ist es einfach eine Freude, wenn sie den eigenen Dummy im Garten wiederfinden.

WAS KANN ICH TUN, DAMIT DIE SUCHLEIDENSCHAFT BEI MEINEM HUND AUFRECHT ERHALTEN BLEIBT?

Zunächst: Der Hund ist keine Maschine, die läuft und läuft und läuft und immer die gleiche Leistung zu vollbringen vermag. Dass die Suchleistung schwankt und auch mal unter das gewohnte Niveau sinken kann, ist normal. Zu viele Faktoren spielen hier eine Rolle: Das Alter und die Erfahrung des Hundes, hormonelle Veränderungen beim Hund, läufige Hündinnen in der Nähe, Luftfeuchtigkeit, Wind und Regen, die Tageszeit, und so weiter. Die Liste der Faktoren, die die Suchleistung des Hundes beeinflussen können, scheint schier unendlich. Und allzu oft verlangen wir dem Hund schlicht zu viel Leistung ab. Ein Beispiel: Wir stellen dem Hund eine Suchaufgabe, es herrscht absolutes „Schietwetter“ und es klappt einfach nicht so recht. Wir üben, üben und üben - ohne Erfolg und genau so lange, bis am Ende Mensch und Hund frustriert aufgeben.

Hier helfen erst einmal Pausen. Ja, richtig gelesen: Wenn es mal nicht so klappt, darf man ruhig mal eine Pause machen und ein Training schwänzen. Solche Pausen können sowohl Mensch als auch Hund zu einem wahren Motivationsschub verhelfen. Auch wir gehen schließlich nach dem Jahresurlaub gestärkt und neu motiviert wieder unserem Job nach. Und auch Hunde brauchen mal Urlaub!

Zweite Möglichkeit: Der Hund hat heute einfach keine Lust. Man holt ihn aus dem Auto, er bekommt seinen Suchauftrag, aber irgendwie schnüffelt er mal hier, mal dort und er geht seinen privaten Interessen nach. Da hilft nur eines: Man packt ihn wieder wortlos ins Auto und er darf von dort den anderen Hunden bei der Arbeit zusehen. Dieses „Zusehen müssen" wirkt auf die weitere Motivation wahre Wunder.

Und die dritte und nachhaltigste Maßnahme zur Motivationssteigerung ist die spielerische und unverhoffte Suche nach Leckerli und/oder Futterbeutel als Ersatzbeute. Suchspiele also, die ohne Erfolgsdruck stattfinden und einfach in den Alltag integriert werden. Warum nicht auf der täglichen Gassirunde einen Baum als Leckerlibaum präparieren? Hierzu werden ein paar Hundekekse in die borkige Baumrinde geklemmt. Oder man kann den Futterbeutel in einem Holzstapel verstecken, den der Hund dann gerne sucht. Es ist ein selbstbelohnendes Spiel für den Hund. Einfach und effektiv.

Derartige Suchspiele sind deswegen so genial, weil man diese immer und überall in den Alltag einstreuen kann. Und der Hund merkt gar nicht, dass er gerade trainiert wird. Kurze Sequenzen kleiner Suchspiele, die immer dann bereits beendet sind, bevor der Hund in Leistungsdruck gerät. Und bei „Schietwetter" kann man das Ganze sogar nach drinnen verlegen. So gesehen kann es eigentlich keine Ausrede mehr geben, wenn mal die Suchmotivation des Hundes nachlässt.

WIE IST EINE HUNDENASE AUFGEBAUT?

Genau wie beim Menschen besteht die Hundenase zunächst aus der Nasenhöhle, welche durch die Nasenscheidewand in zwei Hälften getrennt wird. Knöcherne Nasenmuscheln teilen die Nase in einen oberen, einen mittleren und einen unteren Nasengang. Der mittlere Nasengang ist durch Öffnungen mit den Nasennebenhöhlen und der Stirnhöhle verbunden, während das Siebbein die Nasenhöhle zur Schädelhöhle hin abgrenzt. Durch das Siebbein, welches in der Tat wie ein knöchernes Sieb aussieht, wird das Riechepithel durch Nervenfasern mit dem Riechhirn verbunden.

Die Nase ist im Inneren komplett mit Nasenschleimhaut, dem Riechepithel, überzogen. Zu den wichtigsten Aufgaben der Nasenschleimhaut gehört das Anfeuchten der Atemluft, und das Filtern grober Partikel. Im feuchten Milieu des Riechepithels werden die Geruchspartikel gebunden. Nur wenn die Nasenschleimhaut feucht ist, kann der Hund den Geruch auch gut aufnehmen.

Atmet der Hund ein, so strömt die eingesogene Luft auf dem Weg in die Lunge durch die Nasenhöhlen, in die Nasennebenhöhlen und in die Stirnhöhle. Krankheiten oder äußere Einflüsse wie Wärme oder Kälte können das Riechvermögen mehr oder minder stark beeinträchtigen.

Eine Besonderheit gegenüber der menschlichen Nase ist das sogenannte Jacobson´sches Organ. Dieses Organ ist beim Menschen nur in der Embryonalzeit vorhanden und bildet sich dann nahezu komplett zurück. Es wird in der Fachliteratur auch oft als Vomeronasal-Organ bezeichnet. Es ist ein kleiner Kanal hinter den oberen Schneidezähnen im Gaumen des Hundes und ebenfalls mit Riechepithel überzogen. Im Jacobson´schen Organ kann der Hund Geruchspartikel länger und genauer analysieren. Wird das Organ vom Hund „benutzt", so kann man dies unweigerlich am Zähneklappern und vermehrten Speicheln erkennen. Das Jacobson´sche Organ ist über Nervenleitungen direkt mit dem Riechhirn und dem limbischen System verbunden. Das limbische System ist als der älteste Teil des Gehirns verantwortlich für das Entstehen von Gefühlen und für die Triebsteuerung.

Das Riechepithel besteht aus Stützzellen und Basalzellen, den eigentlichen Sinneszellen und zahlreichen Schleimdrüsen. Die Riechzellen haben an ihrer Spitze feinste Härchen (Zilien), welche in die Schleimschicht hinein ragen. An ihrer Basis geht die Zelle in Nervenfortsätze über. Die Nervenfortsätze werden zu den Riechnerven gebündelt und ziehen durch das Siebbein zum Riechkolben. Die Lebenszeit der Riechzellen beträgt etwa vier bis sechs Wochen und gehören zu den einzigen Nervenzellen, die der Körper regelmäßig erneuern kann. Ein Hund in der Größe eines Deutschen Schäferhundes hat etwa 220 Millionen Riechzellen, der Mensch hingegen nur fünf Millionen. Die größere Anzahl der Riechzellen beim Hund geht mit der größeren Fläche der Riechschleimhaut einher. Es gilt: Je größer die Nase, desto mehr Riechschleimhaut überzieht das Naseninnere und desto mehr Riechzellen finden Platz.

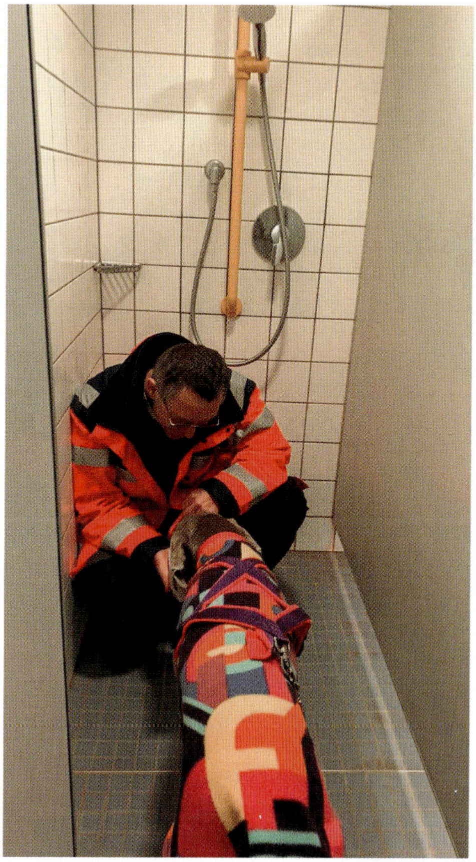

WIE FUNKTIONIERT EINE HUNDENASE?

Wie bereits bei der Anatomie der Hundenase beschrieben, sind die Riechzellen mit unterschiedlichen Rezeptoren auf den Sinneshaaren, den sogenannten Zilien, ausgestattet. Dabei ist jede Riechzelle auf bestimmte Duftkomponenten spezialisiert. Atmet der Hund ein, gelangen bei jedem Atemzug mit der Atemluft Duftstoffmoleküle in die Nase, die sich im Schleim des Riechepithels lösen und zu den Zilien der Sinneszellen weiter transportiert werden. Damit sich die Geruchsmoleküle im feuchten Milieu lösen können, braucht der Hund eine feuchte Nasenschleimhaut. Deswegen ist die Gabe von Wasser bei der Sucharbeit unwahrscheinlich wichtig. Nur dann reagieren die Rezeptoren mit den Duftmolekülen aus der Atemluft und lösen eine biochemische Reaktion aus. Dabei wird die Wirkung des Duftmoleküls um ein Vielfaches verstärkt und ein elektrisches Signal wird ausgelöst. Das wird über die Nervenfortsätze, den sogenannten Axonen, an den Riechkolben weitergeleitet, um von dort zum Riechhirn zu gelangen. Dieser Riechimpuls gelangt weiter zum Thalamus, der die Schaltzentrale für Sinneswahrnehmungen im Gehirn darstellt. Über weitere „Nervenverschaltungen“ wird der Geruch an andere Hirnareale geleitet und entsprechend verarbeitet.

In der Riechrinde des Großhirns werden alle Informationen über die Duftwahrnehmung gespeichert und ständig mit bereits bekannten Gerüchen verglichen. Der Hund verfügt somit über ein überdimensionales Geruchsgedächtnis. In der Riechrinde werden die geruchlichen Informationen mit weiteren Sinneswahrnehmungen gekoppelt (wie zum Beispiel: Sehen, Hören und Tasten) und für spätere Abgleiche gespeichert.

Ob nun ein Geruch als solcher wahrgenommen wird, hängt von der Konzentration des Geruchsstoffes und der individuellen Geruchsschwelle des Hundes ab. Aufgrund der höheren Anzahl der Riechzellen beim Hund ist die Geruchsschwelle wesentlich niedriger als zum Beispiel beim Menschen.

Die Geruchsschwellen können durch Konditionierung herabgesetzt werden. Eine Eigenschaft, die man sich gerade in der Sucharbeit zunutze macht. Einem Geruch, mit dem der Hund weder Positives noch Negatives verbindet, wird er keine besondere Bedeutung zukommen lassen. Der Hund wird solche Gerüche weitgehend ignorieren. Hat der Hund jedoch einen Geruch positiv verknüpft, so wird er diesem aus eigenem Antrieb folgen wollen. Ein Geruch mit negativer Assoziation hingegen wird gemieden.

Die Hundenase gewöhnt sich an Gerüche (Adaption). Das bedeutet, dass die Geruchsschwelle stetig steigt. Permanente, intensive Gerüche geraten bei der Wahrnehmung in den Hintergrund, werden also letztendlich nicht mehr wahrgenommen. Um diesen Effekt zu

verhindern, atmet der Hund bei der Suche stoßweise. Dies führt dazu, dass der Hund regelrechte Riechpausen einlegt, die das oben beschriebene Phänomen der Adaption verringern. Dies ist auch der Grund, warum sich die Atemfrequenz bei der Sucharbeit enorm erhöht.

KANN JEDER HUND DAS „SUCHEN" LERNEN?

Ja. Natürlich ist der Wille zu finden von Hund zu Hund unterschiedlich ausgeprägt. Das kann durch Training gefördert werden. Letztlich muss sich die Suche für den Hund immer lohnen. Und natürlich gibt es auch rassetypische Unterschiede in der Sucharbeit. Mit einem klassischen Jagdhund wird es leichter sein, ein Training in der Suche erfolgreich zu gestalten. Manche Hunde sind durch die anatomischen Gegebenheiten in der Sucharbeit eingeschränkt. So wird zum Beispiel eine französische Bulldogge oder ein Mops aufgrund der kurzen Nase nicht die gleiche Suchkondition aufweisen, wie zum Beispiel ein Retriever oder ein Deutscher Schäferhund. Just for fun wird man aber mit jedem Hund suchen können. Der professionelle Einsatz bleibt aber den bewährten Hunderassen vorbehalten.

DAS WESENTLICHE IST UNSICHTBAR: DER GERUCH. WAS IST DAS EIGENTLICH?

Geruch ist nicht greifbar. Man kann ihn nicht in die Hand nehmen, nicht wegschieben und nur ganz schwer einfangen. Geruch ist primär die Interpretation der Sinneserregungen, die von den Chemorezeptoren der Nase an das Gehirn weitergeleitet werden. Geruch ist also eine ziemlich imaginäre Angelegenheit. Scheinbar. Der Geruchssinn wird beim Menschen als eher weniger wichtig eingestuft, obgleich ein Fehlen des Geruchssinnes die Lebensqualität deutlich einschränkt. In der Tierwelt - vor allem bei Makrosmaten (zu denen auch die Caniden gehören), würde mangelndes Riechvermögen den Bestand der Art gefährden. Als Makrosmaten werden Lebewesen bezeichnet, bei denen der Geruchssinn sehr gut entwickelt ist und eine besonders große Rolle innerhalb der Sinne spielt. Lebewesen mit einem ausgeprägten Geruchssinn zeichnen sich durch einen besonders großen Anteil der Nasenschleimhaut aus, der mit einem Riechepithel überzogen ist.

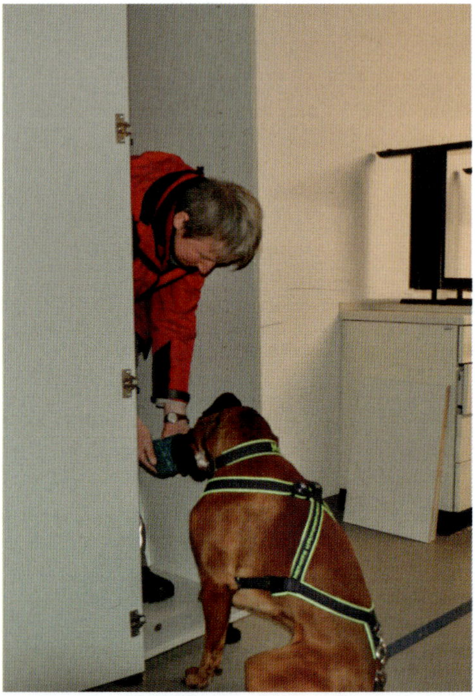

Geruchsstoffe sind chemische Verbindungen, die den Geruchssinn anregen und Geruchsempfindungen auslösen. Zu den Geruchsstoffen zählen tausende von Einzelsubstanzen, wobei unklar ist, welche Strukturmerkmale dabei die geruchstragenden Eigenschaften bedingen. Einige grundlegende Eigenschaften müssen Geruchsstoffe erfüllen: Sie müssen leicht flüchtig sein, denn nur solche Stoffe gelangen in die Nase. Zudem müssen Geruchsstoffe wasserlöslich sein, um die Nasenschleimhaut durchdringen zu können. Um in die Membranen der Riechzellen einzudringen, müssen die Geruchsstoffe zudem auch fettlöslich sein.

Reine Geruchsstoffe sind faktisch in der Umwelt nicht vorhanden. Vielmehr entstehen Gerüche meist durch Stoffgemische, wobei die Einzelbestandteile oft sehr zahlreich sind und häufig nicht chemisch-analytisch identifizierbar sind. Diese Gemische von Geruchsstoffen entstehen bei vielen biochemischen oder auch technischen Prozessen, wie zum Beispiel bei der Gärung, der Fäulnis und der thermischen Zersetzung.

Bei der Gärung werden organische Substanzen in Anwesenheit von Sauerstoff zersetzt. Insbesondere bei der Vergärung von Kohlenhydraten und Eiweißen entstehen geruchsintensive Stoffe, vor allem niedrige Fettsäuren, Aldehyde, Alkohole, sowie stickstoff- oder schwefelhaltige Verbindungen.

Findet die Zersetzung organischer Substanzen ohne Sauerstoff statt, sprechen wir vom Faulen (anaerober Abbau). Dabei entstehen neben flüchtigen Fettsäuren, Aminen und Merkaptanen auch Sulfide, Disulfide und viele heterozyklische Verbindungen. Beispiele sind Ammoniak und Schwefelwasserstoff, dessen Geruch nach faulen Eiern unverkennbar penetrant ist. Bei zu starker Erhitzung zersetzen sich die Ausgangsstoffe. Die Zersetzungsprodukte riechen meist leicht „angebrannt". Da Zersetzung durch Erhitzen ein menschengemachter Prozess ist, ist diese Art von Geruchsstoffen für das natürliche Riechen der Hunde primär nicht relevant.

WOHER WEISS MEIN HUND, WEN ODER WAS ER SUCHEN SOLL?

Im Training muss der Hund lernen, dass sich das Aufstöbern und Verfolgen der Geruchsspur für ihn lohnt. Durch einfaches Clickertraining kann der Hund an einen besonderen Geruch herangeführt werden. Durch die unmittelbare Bestätigung mit Leckerli lernt der Vierbeiner, dass das Anzeigen des trainierten Geruchs für ihn einen Vorteil in Form einer Futterbelohnung bringt. Als Alternative zur Futterbelohnung kann auch ein körperbetontes Spiel als Belohnung dienen. Dies simuliert dann in der Regel die ausbleibende Sequenz des Packens und Töten der Beute. Eine derartige Belohnungsvariante wird oft bei Suchobjekten verwendet, mit denen der Hund nicht in direkten Kontakt kommen soll - wie Rauschgift oder Sprengstoff. Im Bereich der Rettungshundearbeit wird häufig eine sogenannte „Opferbindung" hergestellt. Das heißt, die mutmaßlich zu suchende Person beschäftigt sich erst spielerisch mit dem Suchhund, bis dieser unbedingt wieder den Kontakt zur Versteckperson herzustellen versucht. Gemeinsames Spiel und Leckerli verstärken hier den Willen zum Finden deutlich. Am Ende jeder Suche steht dann immer die Belohnung - wie erwähnt in Form von Futter oder Spiel. Da es sich hierbei stets um eine selbstbelohnende Verhaltenskette handelt, wird der Hund immer wieder versuchen, ein Erfolgserlebnis zu erlangen.

VERÄNDERT SICH DIE QUALITÄT DER GERUCHSSPUR IM LAUFE DER ZEIT?

Frische, klebende Spuren sind einfacher für den Hund. Je älter diese Spuren dann werden, umso schwieriger wird die Sucharbeit dann wieder. Denn jetzt greifen Witterung und Zersetzung ein und verschieben die qualitative und quantitative Güte des Geruchs. Wind verweht die Geruchspartikel - die Konzentration wird geringer. Und Bakterien und Mikroorganismen sorgen dafür, dass biologischer Geruch natürlicher Verwesung ausgesetzt ist und sich dadurch verändert. Und auch Temperatur und Luftfeuchtigkeit spielen eine Rolle: Hohe Temperaturen und geringe Luftfeuchtigkeit verlangsamen den Verwesungsprozess - die Qualität des Geruchs nimmt ab. Und hohe Luftfeuchtigkeit und moderate Temperaturen setzen die Abbauprozesse wieder in Gang, so dass die Qualität situativ wieder steigt. Deswegen kann es Sinn machen, lieber in den frühen Abend- oder Morgenstunden nach Vermissten zu suchen, als in der glühenden Mittagshitze - sofern natürlich keine Gefahr in Verzug ist.

WELCHES SIND DENN DIE EINFACHSTEN ODER BELIEBTESTEN SCHNÜFFELSPIELE?

Zunächst: Schnüffelspiele sind das Beste, was es gibt! Mit geringem Aufwand gelingt es, seinen Hund auszulasten und gleichzeitig die Suchleidenschaft zu fördern. Und das Schöne dabei ist - es gibt keine Regeln. Erlaubt ist, was Spaß macht. Natürlich gibt es keine Rangliste der beliebtesten Suchspiele, diese wäre ja eher sehr hundeindividuell. Dennoch seien hier die mutmaßlichen „Top Five" der Schnüffelspiele aufgezählt:

> **1. Futtersuche im Wäschekorb**: Ein Wäschekorb wird mit zerknülltem Zeitungspapier gefüllt. Dazwischen werden Leckerlis platziert. Auf Kommando darf der Hund alle Leckerlis aus dem Wäschekorb heraussuchen. Als Alternative lohnt sich die Anschaffung eines

Schnüffelteppichs.

2. Frei-Verlorensuche: Die Verlorensuche ist ein tolles Suchspiel für draußen. Hierzu nimmt man einen Dummy oder das Lieblingsspielzeug des Hundes mit zur normalen Gassirunde und „verliert“ diesen Gegenstand dann scheinbar. Dann wird der Vierbeiner mit dem Wortsignal „Such verloren“ und einer rückwärts zeigenden Handbewegung zurückgeschickt, um den Gegenstand zu suchen. Gelingt dies nicht auf Anhieb, geht man mit seinem Hund einfach wieder ein bisschen zurück. Er wird schnell lernen, was von ihm erwartet wird. Zur Not kann man auch mal die Hundeleine verlieren, sollte man nichts anderes zum Verlieren zur Hand haben.

3. Futterbeutel: Kaum ein Hund, der einen mit Futter befüllten Dummy verschmäht. Den Futterdummy platziert man zunächst auf Sicht des Vierbeiners, bevor man ihn mit dem Signalwort „Such Dummy“ auf die Reise schickt. Im weiteren Verlauf des Spieles - oder bei Fortgeschrittenen - versteckt man ihn eher heimlich. Die Belohnung aus dem Dummy gibt es natürlich erst, wenn der Hund ihn apportiert hat.

4. Angeln: Gerade in der Sommerhitze ist dieses Suchspiel der Renner: In einem Gewässer (See, Pool, Bach) wird ein schwimmendes Leckerli - zum Beispiel ein Stück Apfel - platziert. Wasserscheue Vierbeiner werden versuchen, den Leckerbissen mit den Pfoten zu angeln und Wasserliebhaber wird es zu einer Runde im kühlen Nass animieren.

5. Würstchenwasserfährte: Hier nimmt man etwas Fleischbrühe und tropft über Feld, Wald und Wiese eine Spur. Am Ende befindet sich der Jackpot: ein besonderer Leckerbissen für den Hund. Alternativ kann man auch ein Stück Hartkäse an eine Schnur binden und über den Boden ziehen. Durch den Abrieb bildet sich die Geruchsspur. Am Ende wartet dann der restliche Käse als Belohnung.

Merke: Bevor mit den Schnüffelspielen begonnen wird, muss ein „Such“ eintrainiert werden. Dies gelingt am besten, indem man seinen Vierbeiner absitzen lässt und dann ein paar Schritte entfernt ein Leckerli oder Spielzeug auf den Boden legt. Nach dem Signalwort „Such“ darf der Vierbeiner den begehrten Gegenstand aufnehmen. Diese Übung wird dann immer weiter gesteigert, so lange, bis das Zielobjekt außer Sichtweite des Hundes platziert wird.

SCHLUSSWORT:

Mit dem Ende dieses Buches über die Ausbildung von Personensuchhunden darf ich mich bei allen bedanken, die sich nachhaltig für eine artgerechte Auslastung unserer Hunde interessieren. Ich hoffe, ich konnte mein in der Einleitung gegebenes Versprechen halten, eine umfassende und leicht verständliche Anleitung zur Verfügung zu stellen. Ich freue mich über das Interesse an der Ausbildung von Personensuchhunden und hoffe, dass dieses Buch dazu beigetragen hat, Neues gelernt zu haben und dass dein Engagement in diesem Bereich erfolgreich sein wird.

ÜBER DEN AUTOR MANFRED BURDICH

Der gelernte Gesundheits- und Krankenpfleger arbeitet nach vielen Jahren auf einer interdisziplinären Intensivstation derzeit im Krankenhaussozialdienst als Sozialarbeiter. Manfred Burdich ist zudem EFQM-Assessor (Qualitätsmanager) und Clinical Case Manager, ist selbst aktiver Therapiebegleit- und Rettungshundeführer sowie Mediator/ Konfliktmanager. Als Mitglied des Expertenteams der Zeitschriften „HundeWelt" und „HundeWelt Sport" publiziert er dort regelmäßig. Er ist Begründer der Arbeitsgemeinschaft Mantrailing - Rettungshundestaffel & Therapiehundezentrum (www.k9units.de) und Ausbildungsbeauftragter für Personensuchhunde und leitet und koordiniert die Ausbildung zum Therapiebegleithunde- bzw. Besuchshundeteam. Zudem verfügt Manfred Burdich über eine Reihe weiterer bedeutender Qualifikationen, unter anderem ist er Ehrenmitglied beim Österreichischer Berufsverband der Hundetrainer und -verhaltensberater (ÖBdH e.V.), aktives Mitglied des Berufsverband für professionelles Hundetraining, Verhaltensberatung, Dienstleistungen e. V. (pro Hunde), Vorsitzender der Hartsteinwerk - Working Dog Foundation e.V., Mitglied der Gesellschaft zur Förderung kynologischer Forschung GKF und der Arbeitsgemeinschaft Odorologie.
2023 gründete Manfred Burdich mit Leichenspürhundeführerinnen und -führer aus Deutschland, Österreich, Kanada und der Schweiz die Dachorganisation „Human Remains Detection Dog INTERNATIONAL". HRDD International (Kurzform) ist weltweit die erste Organisation, die Mindeststandards für die zivile Leichensuche im Rahmen der Katastrophen- und Unglückshilfe definiert hat.

Die Erlaubnis als Hundetrainer gemäß §11 Abs. 1 Satz1 Nr. 8f TierSchG wurde dem Autor durch das Landratsamt Sonneberg (Thüringen) erteilt.

Zudem ist Manfred Burdich vom Freistaat Thüringen als sachkundige Person für das Prüfungsgebiet „gefährliche Hunde" gemäß § 1 ThürSachkundePrüfVO berufen, von der Senatsverwaltung für Justiz, Verbraucherschutz und Antidiskriminierung des Landes Berlin anerkannte sachverständige Person gemäß § 10 des Gesetzes über das Halten und Führen von Hunden in Berlin (HundeG) bestellt und vom Ministerium für Inneres, ländliche Räume, Integration und Gleichstellung des Landes Schleswig-Holstein als Prüfer gemäß § 4 HundeG anerkannt.

Des Weiteren ist er vom Berufsverband für professionelles Hundetraining, Verhaltensberatung, Dienstleistungen e. V. als anerkannter Sachverständiger für die Ausbildung und Erziehung von Hunden berufen und zudem Prüfer für den Bereich „Mantrailing" bei der Bundesarbeitsgemeinschaft Rettungs- und Hundeführender Organisationen (BAG-RHV).

DIE ARBEITSGEMEINSCHAFT MANTRAILING - RETTUNGSHUNDESTAFFEL & THERAPIEHUNDEZENTRUM IST:

- Akkreditiert durch die International Society für Animal Assisted Therapie (ISAAT)
- Zertifiziert durch die Animal Assisted Intervention International (AAII)
- Zertifiziert durch die International Association of Assistance Dog Partners (IAADP)
- Mitglied der Internationale Rettungshunde Organisation (IRO)
- Mitglied bei Human Remains Detection Dog INTERNATIONAL
- Mitglied bei der Bundesarbeitsgemeinschaft Rettungs- und Hundeführender Organisationen (BAG-RHV)
- Mitglied der Initiative für gewaltfreies Hundetraining
- Mitglied der Initiative transparente Zivilgesellschaft

DANKE!

Ich darf mich an dieser Stelle herzlich bei allen bedanken, die mir geholfen haben, mein Buch über die Ausbildung und das Training von Personenspürhunden zu veröffentlichen. Ich danke für die Geduld und das Vertrauen von Claudia de la Motte und Bettina Hannappel vom Minerva-Verlag Mönchengladbach und für die vielen Hinweise vom Manuskript bis zum fertigen Buch.

Mein Dank gilt aber vor allem den Hundeführerinnen und Hundeführern der Arbeitsgemeinschaft Mantrailing, die am Grundsatz des gegenseitigen Helfens und Lernens stets festhalten und mit viel Wissen und Respekt gegenüber Mensch und Tier agieren. Die gemeinsamen Erfahrungen im Bereich der Suchhundeausbildung, die Unterstützung und die gegenseitigen Ratschläge sind unbezahlbar. Ihr Engagement hat dazu beigetragen, dass das fertige Werk ein authentischer und überzeugender Ratgeber ist. Ein Ratgeber, der bewusst subjektiv ist, der zum Ausprobieren und Nachdenken anregen soll. Ich bin sehr stolz auf die gemeinsame Arbeit mit unseren Hunden und danke jedem einzelnen Mensch und Hund für den vorbildlichen Einsatz.

Und ganz besonders danke ich meiner Lebensgefährtin Leila Altmann, die mit mir die Leidenschaft für Hunde teilt. Eine Leidenschaft, die uns zusammenhält, uns täglich beflügelt und Mittelpunkt unseres Lebens ist. Vielen Dank!

IN MEMORIAM:

LUPITA & BARNEY

ANEKDOTEN

"Ihr Hund zieht aber ganz schön an der Leine. Sie sollten mal zu einer Hundeschule gehen!" Diesen Spruch hört man als Mantrailer häufig. Meistens erwidere ich darauf: "Möglicherweise haben Sie recht mit der Hundeschule, aber aktuell bin ich ganz froh, wenn der Hund zieht. Dann passt alles." Natürlich erkläre ich oder meine Begleitperson, warum der Hund aktuell zieht, warum dies so erwünscht ist und was man unter „Mantrailing" versteht. So schafft man auf lockere Weise Aufklärung über diese Art der Sucharbeit.

Bei meinem ersten Mantrailing-Workshop, den ich gegeben habe, war ich - zugegeben - etwas unsicher und aufgeregt. Es hat eigentlich alles ganz gut geklappt. Ich hatte es mit einer Anfängergruppe zu tun, die die ersten Gehversuche in Sachen Mantrailing machen wollten. Ein Team aber war dabei, da wollte der Hund einfach nicht starten, obwohl er eigentlich schon verstanden hatte, was von ihm erwartet wurde. Der Hund hieß Filou und war ein mittelgroßer wuscheliger Mischling, sein Frauchen hieß Susanne. Irgendwann waren Susanne die holprigen Starts leid und sie stampfte auf den Boden und rief "Los jetzt!". Der Hund war so beeindruckt vom Gefühlsausbruch seines Frauchens, so dass er fortan immer beim Signalwort "Los" unvermittelt startete. Aus Filou wurde später ein geprüfter Rettungshund.

Wir wurden eines Nachts zu einer Suche in die benachbarte Kreisstadt gerufen. Eine Frau, Anfang 40, jetzt weitab von zuhause im Ruhrgebiet lebend, hat ihren Vater in ihrer Heimatstadt besucht. Nach einem gemeinsamen Abendessen schlief der Vater vor dem Fernseher auf dem Sofa ein, während die Tochter noch "kurz" mit ihrem Hund raus wollte. Spät in der Nacht wachte der Vater auf, die Tochter war noch nicht zu Hause und er erstattete eine Vermisstenanzeige, weil er ein Unglück vermutete. Als wir als alarmierte Rettungshundestaffel eintrafen, scherzten wir: Die Dame hat bestimmt einen Jugendfreund gefunden und die Zeit vergessen. Und so war es auch: Einer unserer Hunde trailte zu einem Gasthof. Der Wirt bestätigte, dass die Frau dort mit einem Freund aus Schulzeiten kräftig ins Glas geschaut hat. Der Hund trailte von dort weiter zu einem Haus. Die Vermisste verbrachte dort mit ihrem Jugendfreund ein frivoles Schäferstündchen, das durch uns und die Polizei jäh unterbrochen wurde.

Es war dunkel, es war neblig und es war ziemlich einsam. Da mutet es schon manchmal seltsam an, wenn sich fremde Personen in der Gegend rumdrücken. Da passiert es schon öfter, dass bei unserer Versteckperson eine Polizeistreife auftaucht, weil Anwohner verdächtige Personen melden. Die Sache ist jedoch recht schnell aufgeklärt, meist mit den Worten der Polizisten. „Ach ihr seid das. Dann ist ja alles gut!“

Das Mädchen war damals sieben Jahre alt. Sie ist nach der Schule immer zur Oma gegangen, die im gleichen Dorf wohnt wie ihre Eltern. Bei der Oma aß sie dann immer zu Mittag und machte ihre Hausaufgaben, bis sie die Eltern nach deren Arbeit bei der Oma abholten. Eines Tages war die Oma mittags nicht zu Hause und es war schnell klar: Es muss etwas passiert sein! Im Dorf und in der Umgebung kam es sehr schnell zu einer groß angelegten Suchaktion: Das ganze Dorf war auf den Beinen, verschiedene Feuerwehren, eine Hundertschaft der Polizei, Suchhubschrauber und auch wir als Rettungshundestaffel. Nach drei Tagen sommerlicher Hitze wurde die ältere Dame von einem Hund tot gefunden. Sie erlag wohl einem Herzinfarkt. Durch Zeit und Hitze sah die tote Frau auch nicht mehr sehr schön aus, so dass man dem Mädchen den Anblick der toten Oma erspart hatte. Das Mädchen aber litt darunter, dass sie keinen Abschied von der geliebten Oma nehmen konnte. Darüber hinaus verstand sie auch nicht, was bei den Suchmaßnahmen alles passiert ist. Die Eltern des Kindes haben uns daraufhin kontaktiert und wir haben das Mädchen zu einem Suchhundetraining eingeladen. Wir erklärten ihr, wie Hunde suchen und wir ließen sie auch einmal einen unserer Hunde führen. Für dieses Mädchen war der enge Kontakt mit den Hunden, die bei der Suche beteiligt waren, ihr ganz persönlicher Weg, Abschied von der Oma zu nehmen und Frieden zu finden.

Panik im Einkaufszentrum: Die Leitung eines Einkaufszentrums in der Nachbarstadt hat stets Verständnis für unsere Arbeit - so dürfen wir ab und an im Einkaufszentrum trainieren. Diese Freude teilen nicht alle: Einmal trailte einer unserer Hunde in die Toiletten, in der sich mehrere Jugendliche befanden. Einer fragte: "Ist das ein Drogenspürhund?" Der Hundeführer bejahte aus Spaß - die Jugendlichen flüchteten schlagartig aus dem Einkaufszentrum. Ein Schelm, der jetzt Böses dabei denkt...

Einer unserer Neulinge beim Trailen erklärte ich den "Klopapier-Trail". Als sie das nächste Mal wieder zum Training kam, berichtete sie voller Freude: "Die Idee mit dem Klopapier-Trail ist wirklich super! Aber mein Hund klaut jetzt immer zu Hause das Toilettenpapier von der Rolle..."

Und auch diese Suche bleibt in meiner Erinnerung: Vermisst war ein älterer Herr aus einem Pflegeheim. Letzter Sichtungspunkt war das Grab seiner Frau auf dem städtischen Friedhof. Der Friedhofswärter kannte den Mann und hat den Sichtungspunkt bestätigt. Wir wurden zur Suche gerufen - ein Hundeführer der Polizei war bereits vor Ort und kam ganz aufgeregt auf uns zu: "Schön, dass ihr da seid. In der Leitstelle müssen die blöd sein“, rief er mit breitem fränkischen Dialekt. "Ich habe einen Leichenspürhund, der wird mir hier auf dem Friedhof verrückt!" Wir setzten einen unserer Hunde an, der Mann konnte dann kurz darauf in einem anderen Pflegeheim gefunden werden. Er hatte schlicht das Seniorenheim verwechselt.

Die Nase des Hundes war akkurat am Boden, Geruchspartikel für Geruchspartikel wurden nahezu aufgesogen. Plötzlich macht es "Dong!". Der Hund hat sich so in die Spur "geträumt", dass er gegen einen Laternenpfahl gelaufen ist.

ETHIK-GRUNDSATZ

• HINTER JEDEM EINSATZ STECKT EIN SCHICKSAL...

Hinter jedem Einsatz verstecken sich menschliche Schicksale. Da wird ein Mensch vermisst - das Ungewisse dabei nagt an allen Beteiligten und hinterlässt tiefe Spuren. Die Angehörigen treibt die Angst und die Sorge nach dem vermissten und geliebten Menschen umher. Oftmals werden die Verunglückten nur tot gefunden.

Die Angehörigen, die freiwilligen und ehrenamtlichen Helfer, die professionellen Einsatzkräfte von Polizei und Rettungsdiensten - alle stellen sich dieselbe Frage: „Haben wir alles richtig gemacht?“

Der Respekt vor den Opfern und den Angehörigen verbietet uns, mit unseren Einsätzen zu werben und Öffentlichkeitsarbeit zu betreiben. Die Angehörigen wissen, was unsere Hunde zu leisten vermögen. Die Möglichkeit zu helfen ist uns Ansporn genug. Sensationslust auf Kosten der Hilfe suchenden Menschen lehnen wir ab. Dies entspricht nicht unseren Moralvorstellungen.

Die Rettungshundestaffel der Arbeitsgemeinschaft Mantrailing arbeitet ehrenamtlich und finanziert sich ausschließlich durch Mitgliedsbeiträge und Spenden. Jedermann/-frau kann sich an unsere Rettungshunde-Teams wenden.

Kostenlos und diskret - mit Wissen und Respekt!

Humanität besteht darin, dass niemals ein Mensch einem Zweck geopfert wird.

(Albert Schweitzer)

In diesem Buch erfahren Hundehalter alles über die Heilmethoden von Naturheilkunde und Schulmedizin und vor allem, was sie selbst für ihr Tier tun können. Die Autorin erläutert verständlich und kurzweilig, was bei einer Allergie im körpereigenen Immunsystem falsch läuft, welche Therapien, Medikamente und Futtermittel wirklich helfen und worauf man verzichten sollte. Wer endlich die Krankheit seines Hundes verstehen und für sein Wohlergehen selbst aktiv werden will, findet hier den Schlüssel dazu.
Softcover, 156 Seiten. Farbig mit Bildern.
ISBN 978-3-910503-10-6
16,90 €

Wie schaffe ich es, dass mein Hund mir blind vertraut? Ohne Leine überall hin folgt? Stets abrufbar und treu an meiner Seite steht? Kurz: Wie werde ich mit meinem Hund zum Dream-Team?
Cris Bilinski hat in über 45 Jahren als Hundetrainerin hautnah erlebt, wie wir uns und unserem Hund durch kleine Alltagsfehler große Probleme schaffen. Und sie hat praktische und klare Lösungen an der Hand, die funktionieren. Werden wir für unseren Hund zu einem besseren Menschen.
Softcover, 84 Seiten, Farbig mit Illustrationen., Handliches Format
ISBN 978-3-9815634-9-8
8,99 €

Warum hören Hunde nicht, sind widerspenstig, greifen Artgenossen an oder ziehen an der Leine? Hundetrainerin Cris Bilinski hat ihre Erfahrungen in diesem praktischen Ratgeber zusammengefasst und zeigt mit vielen praktischen Tipps, welche Joker Hundehalter ziehen können, um mit ihrem Hund auf eine Ebene blinden Verständnisses zu kommen. Wenn Menschen verstehen, was im Körper und Gehirn ihres Hundes vor sich geht, sehen sie den Alltag plötzlich mit anderen Augen und wissen instinktiv, was zu tun ist.
Softcover, 72 Seiten. mit vielen liebevollen Illustrationen
ISBN 978-3-910503-07-6
9,99 €

Der ganzheitliche Ansatz für Hunde mit Hüftgelenks- oder Ellenbogendysplasie.
Wenn beim Hund HD oder ED diagnostiziert wird, fallen viele Halter aus allen Wolken, scheint doch eine Operation unumgänglich ... Doch ist diese aufwändige Operation wirklich das einzige Heilmittel? Und hilft sie in jedem Fall? Es gibt Alternativen, die ein vergleichbares Ergebnis haben und weniger belastend sind. Die Alternative zur OP fußt auf mehreren Säulen, die in diesem Buch ausführlich beschrieben werden, so dass jeder sie Zuhause durchführen kann. Jeder kann diese multimodale Therapie kostengünstig und eigenständig Zuhause durchführen. Und das Beste ist: Sie dient sogar der Vorbeugung.

Softcover, 156 Seiten.
Farbig mit Bildern.,
ISBN 978-3-910503-08-3
16,80 €

Ein Leitfaden zur selbstbestimmten Hundeerziehung. Für alle.

Der hilfreiche Begleiter für eine intuitive Hundeerziehung: Willkommen in der Welt des individuellen Hundetrainings. Autorin Helma Spona zeigt eine selbstbestimmte Alternative zur traditionellen Hundeschule. Hier erfährt jeder, wie er seinen Vierbeiner wirkungsvoll trainieren und erziehen kann, ohne dabei auf Fremde angewiesen zu sein. Weil jeder Hund einzigartig ist. Der erste Hund zieht ein. Viele fragen sich: Was kann man mit Konsequenz und Belohnung machen und wo ist „Strafe" notwendig? Ist es das überhaupt oder funktionieren sogar nur rein positive Trainingsmethoden?
Moderne Trainingsmethoden sichern das Wohl des Hundes und garantieren den Erfolg. Mit einfachen Übungen lässt sich der Alltag mit Hund in kurzer Zeit meistern. Dazu gehören: Stubenreinheit, Ruheübungen, Verhalten gegenüber Besuchern, Leinenführigkeit, Rückruf...
Helma Spona erklärt, wie jeder sein eigenes Hundetrainingsprogramm aufbauen und anpassen kann. Auf zahlreichen Step-by-Step-Fotos zeigt sie, wie dieses einfach umgesetzt wird. Jeder hat so die Freiheit und Flexibilität, das Training individuell zu gestalten und auf seinen Hund spezifisch einzugehen.

„Ehrlich, klar, zielorientiert! Dieses Buch bringt die Leser voran."
Softcover
Format 17 x 24 cm
ISBN 978-3-910503-11-3
172 Seiten mit Bildern.
18,90 €

Ein Erinnerungsbuch.

Hunde sind wichtig und sie stehen uns näher, als manche Menschen. Die Trauer über ihren Verlust darf sein, sie zu leugnen macht uns bitter. Dieses liebevoll gestaltete Erinnerungsbuch hilft bei der Trauerbewältigung. Es verpackt den Schmerz in tröstende Worte, hüllt ihn in sanfte Bilder und bannt ihn auf Buchseiten. So verarbeitet, verblasst er mehr und mehr, ganz von alleine und schafft Raum für Neues.
56 Seiten,
Format 10,5 x 14,8 cm
ISBN 978-3-910503-04-5
8,99 €

Das Leadership-Praxisbuch für Rudelführer

WIE MAN ZUM RUDELFÜHRER WIRD.

Es gibt geborene Hundemenschen. Jeder Vierbeiner hängt an ihren Lippen, will ihnen gefallen, und läuft ihnen nach auf Schritt und Tritt. Aber was machen diese anders?
Es sind Menschen mit einer Führungspersönlichkeit. Sie bevorzugen einen Erziehungsstil, der eine gesunde Mischung zwischen der autoritären und der antiautoritären Erziehung ist.
Richtige Führung funktioniert, indem wir beide Formen auf gesunde Weise miteinander kombinieren, die Verantwortung für die Beziehung zum Hund übernehmen und unsere Gefühle kontrollieren.
Das Gute daran ist: Mindestens einen Teil davon haben Sie bereits drauf. Ihnen fehlt nur das Gegengewicht.
Das können Sie lernen.
Softcover, 156 Seiten mit Umschlagklappe,
ISBN: 978-3-910503-02-1
von Radana Kuny
19,90 €

Die Kunst, jeden Mischling zu verstehen, Bindung zu schaffen und als Familienhund zu prägen.

Was geht in deinem Kopf nur vor? Haben Sie sich auch schon einmal gefragt, warum Hunde ganz unterschiedlich reagieren? Dieses Buch liefert die Antworten.
Dank der modernen Wissenschaft wissen wir, dass jede Hunderasse ein anderes Gehirn hat. Bei Retrievern ist beispielsweise der Bereich, der mit räumlichem Denken, Koordination und Blickrichtung zusammenhängt, viel stärker ausgeprägt als bei anderen Rassen, beispielsweise den Bulldoggen, die auf eine Vergangenheit in der Hetz- und Kampfszene zurückblicken können. Hier wiederum sind andere Gehirnregionen zuständig für unterschiedliche Reaktionsbereitschaft. Was aber geschieht im Gehirn von Mischlingen, wenn sich in ihnen verschiedenste Anlagen aus unterschiedlichen Rassehunden vereinen? Was treibt sie an? Was motiviert sie? Wie werden sie kontrollierbar? Was nimmt ihnen die Angst? Wie können sie konditioniert werden? Dieses Buch liefert die Antworten. Und hilft so jedem Halter, den eigenen Hund noch besser zu verstehen und auf natürliche Weise einfacher zu erziehen. Denn weil jedes Hundehirn anders ist, profitiert auch jeder Hund von einer individuellen Art der Erziehung.
Tauchen Sie mit Theodor Heßling ein und erforschen Sie die Vielfalt der Hundewelt. Ganz leicht verstehen Sie danach, warum das, was bei dem einen Hund wirkt, den anderen Hund kalt lässt. Werden Sie zum Erziehungsprofi und zu dem Menschen, den Ihr Hund braucht.

Softcover, 92 Seiten.
Farbig mit Bildern und Klappenumschlag.,
ISBN 978-3-910503-03-8
15,90 €

Heilpflanzen für Hunde und Katzen

WER HEILT, HAT RECHT!
Gegen fast jede Krankheit ist ein Kraut gewachsen, weiß die erfahrene Tierheilpraktikerin Annette Dragun. Seit über zwei Jahrzehnten behandelt sie mit Erfolg Hunde, Katzen und Pferde. Heute blickt sie auf einen reichen Erfahrungsschatz zurück.
„Jeder, der sich etwas Mühe gibt, kann lernen, sein Tier selbst zu behandeln", ist sie überzeugt. „Wir sollten mehr auf die Kraft der Natur vertrauen." Mit der Meinung ist sie nicht alleine. Die nachhaltige Medizin hat den Garten als Ort der aHeilung wiederentdeckt. Die „grüne" Apotheke lässt Beschwerden häufig ohne Nebenwirkungen ausheilen. Ganzheitlich. Und dann? Kehrt der Patient durch den Prozess der Krankheit stärker zurück, als er es vormals war.

Softcover, 228 Seiten.
Farbig mit Bildern und Klappenumschlag.,
ISBN 978-3-9815634-6-7
24,80 €

WEITERE TITEL:

WWW.MINERVASTORE.DE